高等职业教育"十三五"规划教材（物联网应用技术系列）

传感器与综合控制技术

主　编　綦志勇
副主编　常排排　于继武
主　审　罗保山

中国水利水电出版社
www.waterpub.com.cn
·北京·

内容提要

本书从简单的知识点出发，贯穿工程化思想来完成一个标准的测控系统。主要内容包括：传感器技术、电子电路设计软件、单片机技术、程序设计技术、项目管理与配置等。本书旨在加强学生对嵌入式行业工作分工的理解，将可运行项目的主要内容贯穿全部教学过程与学生的学习过程，希望借助这种方式让学生进行固定分组、自行分工，贯穿项目观念、初步了解行业与行业分工，并通过课程对专业背景与未来工作岗位有更清楚的认识。

本书适用于高职高专物联网应用技术专业、嵌入式技术专业、移动互联应用技术专业、软件技术专业、计算机网络及其相关专业的学生，也可以作为嵌入式/物联网技术自学者的参考书。

本书配有电子教案，读者可以从中国水利水电出版社网站和万水书苑免费下载，网址为：http://www.waterpub.com.cn/softdown/和http://www.wsbookshow.com。

图书在版编目（CIP）数据

传感器与综合控制技术 / 綦志勇主编. -- 北京：
中国水利水电出版社，2016.8（2022.1重印）
　　高等职业教育"十三五"规划教材. 物联网应用技术
系列
　　ISBN 978-7-5170-4503-8

　　Ⅰ. ①传… Ⅱ. ①綦… Ⅲ. ①传感器－高等职业教育
－教材 Ⅳ. ①TP212

中国版本图书馆CIP数据核字(2016)第149288号

策划编辑：祝智敏　责任编辑：陈　洁　加工编辑：郭继琼　封面设计：李　佳

书　　名	高等职业教育"十三五"规划教材（物联网应用技术系列） **传感器与综合控制技术** CHUANGANQI YU ZONGHE KONGZHI JISHU
作　　者	主　编　綦志勇 副主编　常排排　于继武 主　审　罗保山
出版发行	中国水利水电出版社 （北京市海淀区玉渊潭南路1号D座　100038） 网　址：www.waterpub.com.cn E-mail: mchannel@263.net（万水） 　　　　 sales@waterpub.com.cn 电　话：（010）68367658（营销中心）、82562819（万水）
经　　售	全国各地新华书店和相关出版物销售网点
排　　版	北京万水电子信息有限公司
印　　刷	北京泽宇印刷有限公司
规　　格	184mm×260mm　16开本　20.75印张　471千字
版　　次	2016年8月第1版　2022年1月第2次印刷
定　　价	49.00元

丛书编委会

主　任：王路群

副主任：祝智敏　曹　静　于继武　周雯

主　审：罗保山

委　员：（按姓氏笔画排序）

尹江山　田　勇　刘川琪　江　骏　李　礼

李宗山　肖春华　余恒芳　余　璐　邹梓秀

张克斌　陈　芳　罗　炜　罗保山　顾家铭

徐凤梅　常排排　鲁　立　谢日星　鄢军霞

綦志勇　蔡金华

序

为贯彻落实国务院印发的《关于加快发展现代职业教育的决定》，加快发展现代职业教育，形成适应发展需求、产教深度融合、中职高职衔接、职业教育与普通教育相互沟通的现代职业教育体系，我们联合大批的一线教师和企业技术人员，共同组织出版高等职业教育"十三五"规划教材（物联网应用技术系列）。

职业教育在国家人才培养体系中占有重要位置，以服务发展为宗旨，以促进就业为导向，适应技术进步和生产方式变革以及社会公共服务的需要，从而培养数以亿计的高素质劳动者和技术技能人才。紧紧围绕国家发展职业教育的指导思想和基本原则，编委会在调研、分析、实践等环节的基础上，结合社会经济发展的需求，设计并打造本系列教材。本系列教材配合各职业院校专业群建设的开展，涵盖物联网应用技术、软件技术、移动互联、网络系统管理、软件与信息管理等专业方向，有利于建设开放共享的实践环境，有利于培养"双师型"教师团队，有利于创建共享型教学资源库。

本系列教材的编写工作，遵循以下几个基本原则：

（1）体现以就业为导向、产学结合的发展道路。学科和专业同步加强，按企业需要、岗位需求对接培养内容，既反映学科的发展趋势，又能结合专业教育的改革，且及时反映教学内容和教学体系的调整更新。

（2）采用项目驱动、案例引导的编写模式。打破传统的以学科体系设置课程体系、以知识点为核心的框架，更多地考虑学生所学知识与行业需求及相关岗位、岗位群的需求相一致，坚持"工作流程化""任务驱动式"，突出"走向职业化"的特点，努力培养学生的职业素养、职业能力，实现教学内容与实际工作的高仿真对接，真正以培养技术技能型人才为核心。

（3）专家教师共建团队，优化编写队伍。由来自于职业教育领域的专家、行业企业专家、院校教师、企业技术人员协同组成编写队伍，跨区域、跨学校交叉研究，协调推进，把握行业发展和创新教材发展方向，融入专业教学的课程设置与教材内容。

（4）开发课程教学资源，推进专业信息化建设。从充分关注人才培养目标、专业结构布局等入手，开发补充性、更新性和延伸性教辅资料，开发网络课程、虚拟仿真实训平台、工作过程模拟软件、通用主题素材库以及名师讲义等多种形式的数字化教学资源，建立动态、共享的课程教材信息化资源库，服务于系统培养技术技能型人才。

物联网应用技术系列教材建设是提高物联网应用技术领域技术技能型人才培养质量的关键环节，是深化职业教育教学改革的有效途径。为了促进现代职业教育体系建设，使教材建设全面对接教学改革、行业需求，更好地服务区域经济和社会发展，我们殷切希望各位职教专家和老师提出建议，并加入到我们的编写队伍中来，共同打造物联网应用技术领域的系列精品教材！

丛书编委会
2016 年 8 月

前　言

　　目前，国内高职高专类传感器相关教材众多，但都存在理论重于实践的问题。事实上很多高职高专类学生在毕业后通常无法将这些学到的理论付诸实践。大多数从事传感器设计类工作的学生，虽然从事的是专业性的工作，但更多的也只是使用传感器，即便是从事相对深入的研发工作也仅仅只是设计传感器模块并应用之。另外一个尤为重要的问题是以理论为先导的教学对专科学生而言吸引力已不复存在，为了满足就业市场的需求，动手能力优先已经成了必然趋势。因此本书的写作目标是希望编写一本更加实用、符合现状的教材来完成专科生的技能培养工作，以便他们能够更加直接地获取技能，更好地从事专业技术性的工作。

　　本教材的主要特点如下：

　　（1）本书的初步设计开始于五年前，在确定出版之前的四年中，已经在本校计算机应用、嵌入式和物联网等相关专业的教学中广泛实施，通过不断的反馈和优化革新，本书的体系结构和内容细节得到不断地改进，目前也已经磨合到与教学有很高的契合度，与学生培养有很强的支撑性，与就业实践有很好的吻合性。

　　（2）本书在编写过程中抛弃传感器与测控系统全部的理论，力图通过最简单、最有效的方式，以嵌入式行业中的项目概念为基本出发点，从零开始，引导学生逐步建立起自己的简单测控系统。本书介绍了嵌入式系统设计、程序设计技术、单片机技术、传感器技术、计算机通信等关键技术，由浅入深，逐步实现一个简单的、带计算机通信的控制系统。

　　（3）本书以笔者十年多的嵌入式从业经验为基础，强调了系统项目规范的观点，考虑到并不是所有学生毕业后都从事研发等专业技术岗位，故在大多数章节中都要求学生提交全部项目资料，希望借助这种方式让学生进行固定分组、自行分工、贯穿项目观念、初步了解行业与行业分工，并最终通过课程对专业背景与未来工作岗位有更清楚的认识，早日找到自己未来的职业定位。

　　本书由綦志勇任主编，常排排、于继武任副主编，罗保山老师负责全书的主审工作。本课程团队的向昕彦老师为本书校对做了大量细致的工作；黄崇新、闫应栋、尹江山、周雯、顾家铭、唐建国、龚丽、张新华、余璐、张克斌、李志刚、李安邦等老师以及辽东学院的周春明老师，武汉武软微嵌科技有限公司、武汉尚智通科技有限公司的谢将军、陈果实、詹彬、贺帅鹏、刘权、丁为、王硕、徐海平等同志为本书资源建设做了很多有益的工作。中国水利水电出版社的有关负责同志对本书的出版给予了大力的支持。在本书的编写过程中参考了大量国内外计算机专业的文献资料，在此，谨向这些著作者以及为本书出版付出辛勤劳动的同志深表感谢！

CONTENTS 目录

第 1 章
计算机测控系统

计算机控制系统 (Computer Control System，简称 CCS) 是应用计算机参与控制并借助一些辅助部件与被控对象相联系，以获得一定控制目的的系统。计算机测控系统与计算机控制系统基本属于同一类别。本章简述了传感器与综合控制技术的基本构成，希望帮助读者初步了解计算机测控系统的架构。

本章需要了解的要点如下：

- ✓ 传感器与综合控制技术的基本概念
- ✓ 电子电路设计软件要点概述
- ✓ 单片机技术要点概述
- ✓ C 语言程序设计在单片机中的使用要点概述
- ✓ 传感器技术要点概述

1.1　传感器与综合控制技术概述

　　传感器与综合控制技术是利用计算机技术、程序设计技术、传感器技术、电子电路技术等相关综合技术结合而成的一种交叉学科的综合应用技术。本书无法涵盖这种综合技术的全貌，仅从教学使用的角度取出其中的一部分进行讨论。一般而言，传感器与综合控制技术中所使用的技术可以用图 1.1 所示的简图来表示。

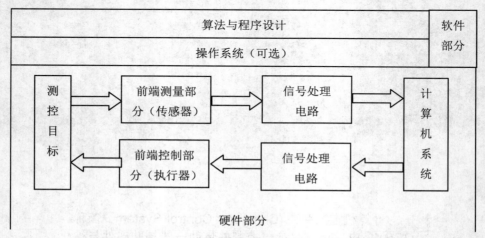

图 1.1　传感器与综合控制技术概述图

　　图 1.1 中主要分为软件与硬件两大部分。其中，软件部分为操作系统（可选）、算法与程序设计。事实上，软件部分还包含软件体系结构中的全部，这里仅给出适用于专科阶段所需的简要概念。一般理解为：在无需操作系统的前提下，只需掌握一门计算机语言，尤其是 C 语言和数据结构课程层次对应的算法即可。因此，掌握了 C 语言程序设计技术与数据结构对应的部分内容即应该能完成基本的软件部分工作。硬件部分主要包含计算机系统，对应为单片机技术；信号处理电路，对应为电子电路技术；前端测量与控制部分，一般对应为传感器与执行器。硬件部分的内容较多且难以掌握，但是仍可以通过电子电路设计软件、单片机、模块设计与实现的路线逐步深入，并结合软件技术（C 语言与算法）逐渐掌握传感器与综合控制技术的关键内容，对嵌入式技术逐渐入门。

1.2　电子电路设计软件

　　目前常用的电子电路设计软件很多，本书选用 Altium Designer 6.9（以下简称AD6.9）版本的电路设计软件。对于使用 AD6.9 软件进行一个电子电路的设计而言，其中有两部分是极为重要的。第一部分是原理图设计，原理图设计完成了理论验证工作，其意思是：电路设计从软件的角度看是正确的。第二部分是 PCB 设计，PCB 设计完成了实际电路生产之前的硬件线路定义，包含元件位置，走线的位置、长短、粗细等问题，即完成了实际的物理电路设计。完成这些之后，就可以交付 PCB 图给制板商家进行制板工作了。

对于 AD6.9 软件而言，需要重点掌握如下三个要点：

（1）简单原理图的绘制、元件与元件库的制作。

（2）从原理图进行编译，自动导出 PCB。

（3）简单 PCB 的绘制、元件封装与封装库的制作。

下面对上述三个要点进行详细的说明，便于读者更加深入地理解电路设计部分应该掌握什么，以及掌握到何种程度。

（1）原理图绘制部分。对于 AD6.9 软件，绘制原理图的时候只需要能够进行基本原理图的绘制，并且能够对基本错误进行修改即可。基本原理图的绘制所需的技能主要包含的技术点有：元件命名、元件查找、元件选取、元件属性编辑、指定元件封装、元件位置摆放、库元件设计、连线、网络标号等内容。

（2）从原理图自动导出 PCB。当原理图绘制完成之后，需要对原理图进行编译操作，并由编译成功的原理图更新 PCB。AD 软件会自动将原理图上的元件与连线关系导入到 PCB 图中，上述过程点击按钮即可完成。

（3）PCB 绘制。PCB 的绘制决定了电路板的物理形状，也就是未来拿到手中的、可以实际看到的实际电路板的设计方案。这一部分主要包含的技术点有：元件的位置摆放、元件之间的距离设置、走线的设置（粗细）、过孔的设置、板子的外观设置、敷铜、元件封装绘制等内容。

 说明

　　Altium Designer6.9 安装软件的安装文件涉及版权问题，读者可从网上自行寻找软件以及破解工具进行研究，或是购买正版软件。本书中关于 AD6.9 的操作及以上版本基本都是类似的。

1.3　单片机技术

单片机（Single-Chip Microcomputer），即单片微型计算机。单片机是一种集成电路芯片，是采用超大规模集成电路技术把具有数据处理能力的中央处理器 CPU、随机存储器 RAM、只读存储器 ROM、多种 I/O 口和中断系统、定时器 / 计数器（可能还包括显示驱动电路、脉宽调制电路、模拟多路转换器、A/D 转换器等）集成到一块硅片上构成的一个小而完善的微型计算机系统，在工业控制领域应用广泛。

计算机系统通常作为计算机测控系统的核心，在整个计算机测控系统中属于中枢位置。它负责获取采集的数据、处理数据、执行结果等操作。对于综合测控系统而言，单片机作为计算机系统的微缩版本是测控系统的核心控制设备，单片机作为测控系统核心控制部分的示意图如图1.2所示。

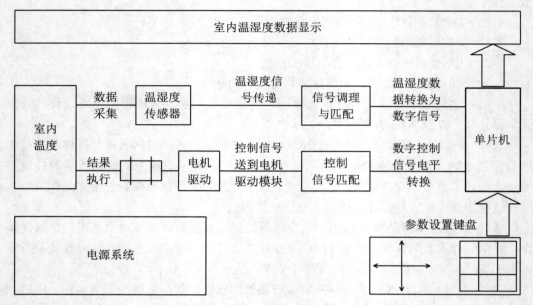

图1.2　单片机测控系统示意图

假定用户希望对室内环境进行自动控制，则图1.2展示了一个满足该需求的、简单的室内环境监控的测控系统功能框架。该系统框架展示了如下功能：

（1）采集室内温湿度。

（2）电机控制，用于室内空气流通与温度调节。

（3）参数设置，用于设置测控温度。

（4）室内温湿度数据显示，用于用户查看。

在上面的例子中，显然单片机是关键部件，它的具体功能如下：

（1）接受用户从键盘输入的数据，并记录到存储部件中以便于每次系统工作时使用该参数。

（2）接受传来的温湿度数字信号，解释这些信号对应的具体的温度值与湿度值。

（3）将这些数据传输到显示部件。

（4）根据读取的温湿度信号进行策略分析，当超过设定限制时发出控制信号来启动电动机或是关闭电动机。

（5）系统稳定性、控制策略、实时性、安全性等问题的处理。

在上面的例子中，显然单片机作为测控系统的核心处理部件起到了决定性的作用。对单片机部分的程序设计和与图1.2中类似功能的硬件设计与实现是本书讨论的重点，本节仅用一个简单的示例描述单片机的重要性，以便读者对其初步了解。在后续章节中将详细地、逐步说明一个完整系统从硬件到软件的设计与实现。

1.4　单片机 C 语言程序设计技术

上一节中我们给出了一个单片机测控系统的例子，读者显然存在一个疑问：在该例子中单片机如何能够实现整个系统的测控过程？事实上这就需要计算机语言对硬件进行操作。在现代信息系统中，软件占有绝对的比重。在自动化测控系统中，计算机语言作为智能化、自动化的直接执行者，起到了关键作用，图 1.2 中的控制过程即可由 C 语言来实现。C 语言作为计算机测控系统的通用性语言，在自动控制领域中得到了广泛的应用，在嵌入式、物联网、Linux 的软件开发等行业中也应用广泛。嵌入式与物联网行业的底层开发从业者应当深入理解 C 语言机理，并能熟练使用 C 语言进行系统的开发工作。

第二个要点即为算法。语言的熟练使用过程是伴随着算法进行延伸的。算法作为语言实现的"指引"，它决定了语言采用何种方式进行语句的组合，并使用语句的组合来描述（表示）算法的步骤。下面就用一个简单的例子来说明使用语言表示算法。

算法 1.1　描述图 1.2 的一个算法

例子算法：使用一个简单算法描述图 1.2 的温湿度测控系统。

算法运行前提：假定系统通电即长期工作，断电即停止。

算法输入：检测到的温湿度。

算法输出：对电动机（或是温度调节装置）的控制结果。

算法描述：

第一步：　系统初始化

第二步：　在无限循环中做

　　　　　读取当前的温湿度数据

　　　　　如果 温度或湿度数据超标 启动电动机

　　　　　否则 关闭电动机

C 语言代码例子实现：

使用 C 语言描述算法 1.1

```c
void main(void)
{
    InitialSystem();                        // 系统初始化
    while(1)                                 // 在无限循环中做
    {
        Temperture = ReadTemperture();       // 读取温度数据
```

```
        Humidity = ReadHumidity();              // 读取湿度数据
        if (Temperture >TempValue || Humidity > HumiValue)
        // 若温度或湿度数据超标
            StartMotor();                        // 启动电动机
        else                                     // 否则
            CloseMotor();                        // 关闭电动机
    }
}
```

由此可见，算法描述足够清晰，C 语言代码仅仅只是完成了"翻译"的过程。这里的代码实现算法的描述还有一些读者的典型疑问，例如：

（1）绝大多数程序设计语言教材上明确表示需要避免死循环。

（2）上面的代码中，函数根本就没实现。

（3）上述的 C 代码是否真的能实现功能。

（4）是否每个算法都能如此"简单"地翻译成计算机语言。

还有其他问题此处不再赘述。事实上，算法与语言之间不存在绝对的对应翻译关系，只能是大体一致。但是其关键点在于：计算机语言必须准确描述算法对应的解题过程，也就是说计算机语言必须准确描述算法确定的计算步骤（计算过程）。至于类似死循环与否并非首要问题，这是由于是否采用死循环取决于应用需求，而非某个教材的"规定"，典型的例子就是 Windows 操作系统正常运行的过程就是死循环，系统在该循环中等待与处理用户的操作。在绝大多数测控系统中，软件是最重要的部分，因此计算机语言与算法的设计将决定一个测控系统的最终行为。在后续章节中我们将逐步介绍算法与程序设计的配合问题，并逐渐让读者对如何编写程序控制一个系统进行初步了解。

1.5　传感器技术

在测控系统中，传感器作为敏感前端起到了"感觉"的作用。温度传感器获取了环境温度、光照度传感器获取了光线强度、距离传感器获取了相对距离、角度传感器获取了空间的坐标、烟雾传感器获取了烟雾浓度等信息。传感器作为测控系统的测量前端，在硬件的角度居于首要位置。

目前的传感器主要是数字传感器与模拟传感器。这里的数字、模拟指的是传感器的信号输出接口，传感器的信号输出接口是将其获取到的信号（信息）传递给后级进行分析与处理。在现代测控系统中能够处理的数据通常是数字数据，因此需要传感器前端部分能够转换出数字信号，以供微处理器直接分析与处理。数字传感器能够直接将其获取到的数据通过其数字接口传递给处理器，也就是说数字传感器在大多数情况下可以直接连接处理器。模拟传感器通常无法将其获取到的数据通过数字接口传递给处理器，这是由于模拟传感器带有的接口为模拟接口，其信号为模拟信号，需要进行模拟到数字信号的转换，才能将原模拟信号对应成数字信号再传递给微处理器进行分析与处理。图 1.3 和图 1.4 简述了数字传感器与模拟传感器连接微处理器的区别。

图 1.3　数字信号传感器与微处理器连接示意图

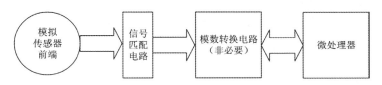

图 1.4　模拟信号传感器与微处理器连接示意图

图 1.3 中的电平匹配电路不是必要的，如果数字传感器的输出电平与微处理器可接受的电平匹配，那么绝大多数情况下两者可以直连。图 1.4 中的情况则不同，模拟传感器采集到并输出的模拟信号首先需要经过信号匹配电路，将其输出信号匹配至模数转换器能够接受的范围之内，然后经过模数转换电路将模拟信号转换成微处理器能够识别的数字信号，经过模数转换之后的输出信号在绝大多数情况下可以与微处理器直连。

由于传感器技术部分具有较为复杂的理论知识背景，本书并不适合需要以深入研究、设计传感器等为目标的读者。对于传感器部分，本书的重点是希望帮助读者初步掌握简单传感器模块的设计、实现与使用等内容，并希望引导读者以传感器的应用为目标，逐步了解、选择与使用传感器。

1.6　本章小结

本章主要简介了课程需要用到的重点技术，在后续的章节中将逐步引入并在传感器与综合控制技术中应用这些技术。

1.1 节主要概述了传感器与综合测控技术的基本概念。对综合测控系统中的硬件部分与软件部分进行了框架性描述。

1.2 节主要简述了 AD6.9 这种 DXP 软件需要掌握的要点，在后续章节中将继续讲解这些要点，并将其应用于硬件的部分设计中。

1.3 节主要描述了单片机技术应用于嵌入式系统的设计中，并作为最主要的处理部分存在。

1.4 节主要简述了计算机语言与算法是驱动整个智能化系统的核心，目前的所有技术均围绕着软件技术来实现，并由软件技术驱动整个系统的工作。

1.5 节主要简述了传感器技术作为敏感前端，通常起到了"感官"的作用。后续将分章节详细对传感器技术的设计与实现部分进行讲解。

【项目实施】

E1.1 使用 DXP 软件 AD6.9 设计电路图

作业：

（1）安装 AD6.9 软件

（2）使用 AD6.9 软件画出一个任意超过五个不同元件的原理图

第 2 章
核心控制系统硬件设计与实现

目前，测控系统的关键在于其核心控制系统。为了方便使用，本章给出了一个完整的核心控制系统的设计与实现，这部分内容简要介绍了一个单片机最小系统设计与实现的过程。

本章的目标是给出核心控制系统硬件由设计到实现的全部过程，让读者能够初步了解整个系统的设计、实现和验证的过程，进而对此类设计有一定的了解，并在后续章节的学习过程中通过掌握更多的技术最终能够实现本章的设计内容。

本章需要了解的要点如下：
- ✓ 单片机核心板的设计思路
- ✓ 单片机核心板的关键组成部分
- ✓ 使用 DXP 软件 AD6.9 设计单片机核心板电路
- ✓ 单片机核心板的焊接与调试
- ✓ 使用 DXP 软件 AD6.9 设计下载器电路
- ✓ 下载器电路的焊接与联合测试

2.1　单片机核心板介绍

单片机核心板多种多样，但是绝大多数单片机核心板的设计与实现过程基本类似。这里要强调的共同要点是：在任何处理器系统设计的过程中，应该遵循比较相似的法则或过程。在此基础上才能逐步找到适合自己的方式去完成某个嵌入式系统核心硬件部分的设计与实现工作。这里我们总结了适合于嵌入式系统核心硬件部分设计与实现的总体流程，并在本节中展示这个设计流程，其总体原则与基本流程如下：

（1）确定嵌入式系统核心处理器。

（2）查找核心处理器对应的器件手册。

（3）依据器件手册上对处理器的工作要求，完成其三大工作条件的设计工作。

（4）依据器件手册上对处理器接口部件的要求，完成其对应接口部分的设计工作。

（5）其他有关设计。

上述五个流程是常用的设计顺序，遵循先后次序。需要说明的是，如果仅仅是设计一个系统核心板，则第（5）点可以省略。下面通过实例来说明上述五个步骤。

2.1.1　单片机最小系统设计

单片机最小系统就是一块精简的单片机开发板，出于对成本或设计实用需要等问题的考虑，最小系统只完成了单片机最基本的功能，而其他需要解决的应用问题，则需要外部扩展其他功能。但是最小系统无论在学习过程中还是在研发过程中，确实给我们带来了很多方便。单片机最小系统设计通常包含电源部分、晶振部分、复位电路部分、外部 I/O 与其他等几个部分的设计。

一般而言，嵌入式系统在学习的早期无论如何都是需要了解、并自己动手设计一个最小系统的。因此本章依照给出的各个部分为顺序，以 STC89C52 单片机为例来了解最小系统的基本设计原理，并逐步介绍从设计到实现的全部过程。

2.1.2　电源设计

一个电子系统的电源部分是极为重要的，电源的设计是一个较为复杂的过程。但是对于单片机而言，很多单片机的输入电源范围较大，因此相对比较好设计。对于输入电源的处理，通常有两种办法，市电（220V 交流）直接到单片机的电源、采购一个直流电源。这里我们假定已经采购了一个 5V、1A 的直流电源，因此电源设计主要是对输入电源进行滤波处理，电源的滤波处理主要是希望直流电源的输出更加平滑。电源滤波电路非常简单，其设计原理如图 2.1 所示。

在图 2.1 中，右边 Pwr 接口是电源的插头，其形状如图 2.2 所示。

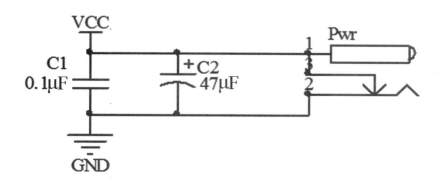

图 2.1　电源滤波电路图

图 2.2 中左边电源是用右边的插头连接线路的。并且，左边的电源插头已经明确标注出了三个引脚的顺序，这三个引脚的顺序对应图 2.1 中电源插头 Pwr 插头的引脚顺序，那么在实际实现中也是依照这个顺序。该顺序在使用这类电源插头的电子元器件中是不能改变的，否则可能会引起短路的故障，并导致电源烧毁。

图 2.2　电源插头与电源

在图 2.1 中还有两个滤波电容，这是 STC89C52RC 单片机最小系统的一般性接法，主要作用是用于对图 2.2 中的这类电源的输出电压进行滤波，以保持最小系统的输入电源的稳定性。一般 0.1μF 与 47μF 电容的实物图如图 2.3 所示。

图 2.3　0.1μF 瓷片电容与 47μF 电解电容实物图

图 2.3 中的左图为 0.1μF 的瓷片电容，104 表示 10^4，单位是 F（法拉）。右图为 47μF 的电解电容。在单片机电源设计中，0.1μF 电容使用瓷片电容与电解电容均可，其区别在于瓷片电容对直流电而言不区分正负极，只要买来接上去即可，但电解电容是必须区分正负极的，如果使用电解电容，无论电容值是 0.1μF 还是 47μF，都是需要找到正极与负极的。电解电容的正负极可通过观察实物的两个特征区分：

（1）电解电容两个引脚中的正极引脚较长，负极引脚较短。

（2）电解电容的负极在电容的黑色表皮上有一条白色部分，如图 2.4 所示。

图 2.4 中间的电容有一条白色的部分，该白色部分对应的那个引脚即为电容的负极。

图 2.4　电解电容负极在黑色表皮上印刷有白线

2.1.3　晶振设计

晶振是晶体振荡器的简称。晶体振荡器是指从一块石英晶体上按一定方位角切下的薄片（简称为晶片），在封装内部添加 IC 组成振荡电路的晶体元件。其产品一般用金属外壳封装，也有用玻璃壳、陶瓷或塑料封装的。晶振电路对于单片机系统而言等同于统一的时钟频率，单片机系统在晶振电路的统一"指挥"下进行协调工作。STC89C52 单片机晶振电路如图 2.5 所示。

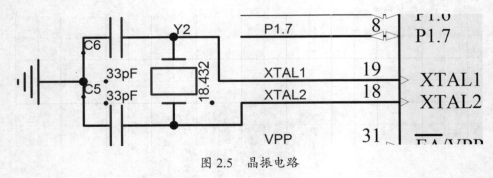

图 2.5　晶振电路

晶振元件的两个引脚是不分正负极的，因此直接焊接到电路上就可以使用了。图 2.6 是大多数双列直插晶振的实物图。

图 2.6　双列直插晶振元件实物图

2.1.4　复位电路设计

复位类似于计算机的"重启"，当系统死机、未达到最优硬件工作状态时，可以尝试按下计算机的重启按钮进行重启。单片机电路也有类似的特性，允许设计一个带有复位按钮的复位电路，在单片机出现问题或是死机时按下复位按钮进行复位。STC89C52 的复位电路设计如图 2.7 所示。

单片机的复位电路是由复位引脚接收到一个高电平引起的。在系统启动时，电容需要充电，直接接通电源 +5V，则 RST 引脚接收到一个高电平产生复位信号。当电容充电完成，则隔断直流，RST 引脚变为低电平，单片机系统正常工作。如果在系统运行的过程中需要人工手动复位，则按下 SW 开关，此时接通了 +5V 与 RST 引脚，RST 引脚收到高电平产生复位信号，松开开关之后电容阻断了直流电路，RST 引脚变为低电平，开始正常工作。典型的复位按钮实物图如图 2.8 所示。

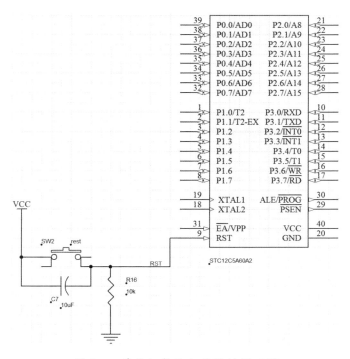

图 2.7　单片机复位电路设计原理图

2.1.5 外部 I/O 与其他

外部的 I/O 引脚是单片机系统将多余的引脚引到外部的，希望通过这种方式挂接更多的外部设备而起到一种扩展功能的作用。外部 I/O 的引脚图如图 2.9 所示。

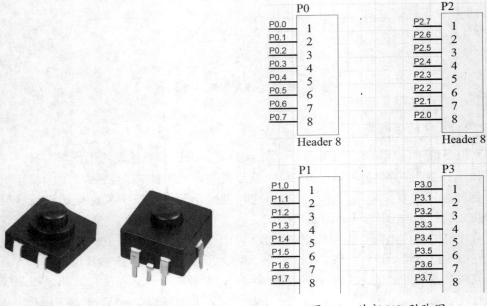

图 2.8 复位按钮实物图　　　图 2.9 外部 I/O 引脚图

除了外部 I/O 之外，还需要有电源引出，以便于给挂接到外部 I/O 引脚上的设备供电。外部电源引出原理图如图 2.10 所示。

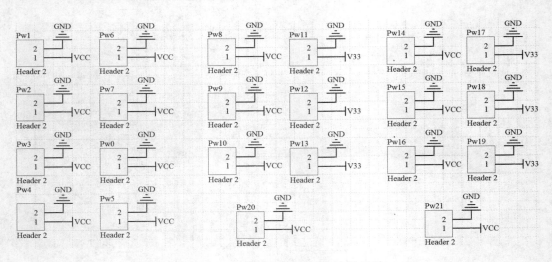

图 2.10 对外部供电的电源组原理图

另外，如果电路板需要进行通信，则需要保留通信接口，典型的通信接口有 RS232 接口、USB 供电接口与 USB 转 RS232 接口。这些接口设计的原理图如图 2.11 所示。

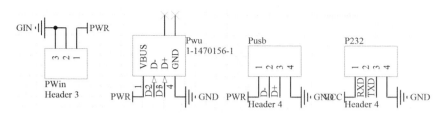

图 2.11　其他辅助接口原理图

2.2　使用 DXP 软件设计核心板

在 2.1 节中，我们简要介绍了单片机系统设计的部分原理图，下面我们使用电路设计中常用的 DXP 软件来进行原理图的设计介绍工作。本书采用的 DXP 软件版本为：Altium Designer 6.9。

2.2.1　DXP 软件基础功能介绍

Altium Designer 6.9 是 Protel DXP 的高级版本，其开启之后的主界面如图 2.12 所示。

DXP 软件的功能过于复杂，我们从创建文件开始介绍，在创建文件的过程中，穿插对于某个设计器的简要介绍。首先需要创建五个文件，这五个文件为：工程文件、原理图文件、PCB 文件、原理图库文件、PCB 元件库文件。一般情况下，只需创建工程文件、原理图文件、PCB 文件即可。下面开始一步一步介绍如何创建工程的几个文件并依照步骤进行原理图与 PCB 的设计。

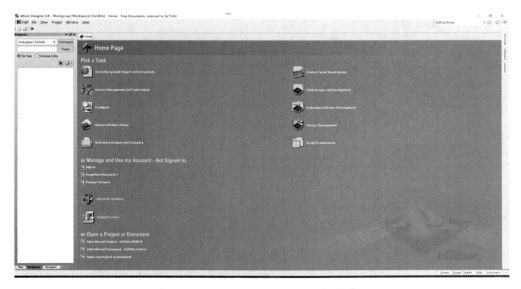

图 2.12　Altium Designer 6.9 的主界面

第一步：新建工程文件。点击 File—New—Project—PCB Project 命令，如图 2.13 所示。

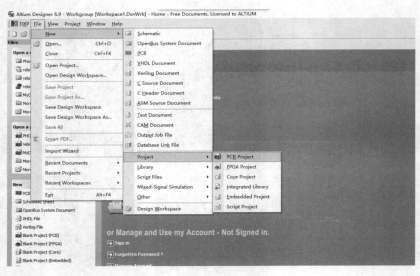

图 2.13　新建工程文件

工程文件新建后，在左边 Projects 栏窗口中可以看到创建成功的工程文件，注意这个时候该工程文件是没有保存的。此时可以先不用保存，可在五个文件全部创建之后一次性保存。

第二步：新建原理图文件。点击 File—New—Schematic，如图 2.14 所示。

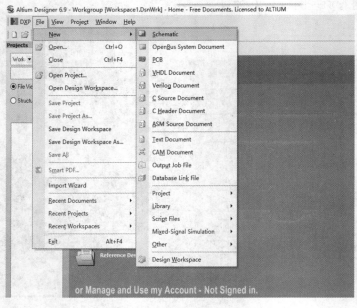

图 2.14　新建原理图文件

创建原理图文件之后，会弹出原理图设计器界面，如图 2.15 所示。

Altium Designer 6.9 - Sheet1.SchDoc - PCB_Project1.PrjPCB. Licensed to ALTIUM
DXP File Edit View Project Place Design Tools Reports Window Help
Sheet1.SchDoc?Left=-147;Right
Projects
Workspace1.DsnWrk
Workspace
PCB_Project1.PrjPCB
Project
File View
Structure Editor
PCB_Project1.PrjPCB *
Source Documents
Sheet1.SchDoc
Home
Sheet1.SchDoc
Favorites
Clipboard
Libraries
Files
Projects
SCH Filter
Editor
Mask Level
Clear
X:610 Y:760 Grid:10
System
Design Compiler
SCH
Help
Instruments

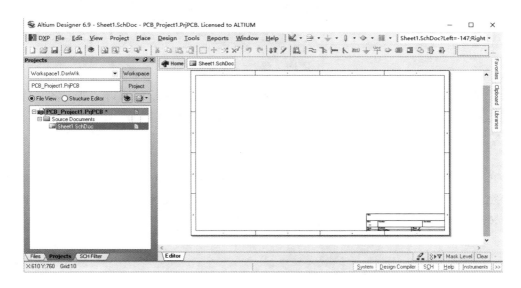

图 2.15　原理图设计器界面

在原理图设计器最上面的两行中，第一行为基本命令，第二行为标准原理图工具和画线工具栏，如图 2.16 所示。

Altium Designer 6.9 - Sheet1.SchDoc - PCB_Project1.PrjPCB. Licensed to ALTIUM
DXP File Edit View Project Place Design Tools Reports Window Help

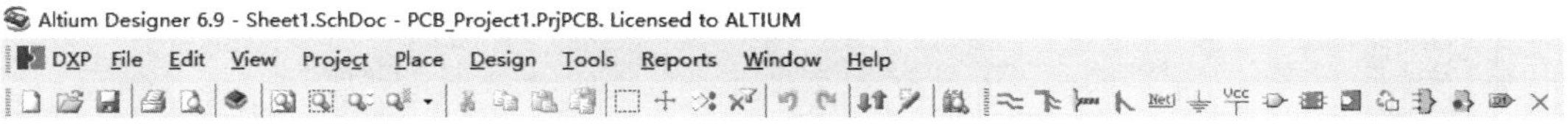

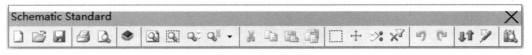

图 2.16　原理图设计器默认工具条

原理图设计器默认工具条包含了三部分。第一部分为基本命令工具条，如图 2.17 所示。第二部分为标准原理图工具条，如图 2.18 所示。第三部分为画线工具条，如图 2.19 所示。在这三部分当中最重要的是第三部分画线工具条，它对原理图的设计起到最重要的作用。

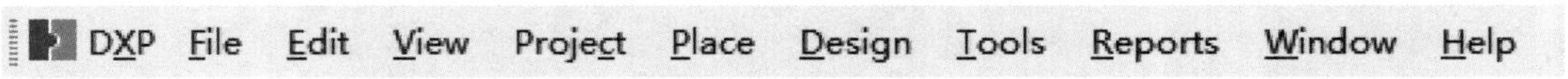

DXP File Edit View Project Place Design Tools Reports Window Help

图 2.17　基本命令工具条

Schematic Standard

图 2.18　标准原理图工具条

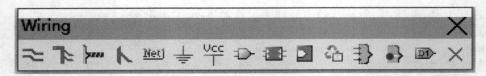

图 2.19　画线工具条

　　绘制原理图时，只需要在黄色的工作区域内进行原理图绘制即可，使用图 2.19 中的画线工具就可以完成原理图绘制的全部工作，读者应当熟练使用该工具条。实际上，只需要掌握画线工具条中的几个常用按钮的使用方法就可以完成大多数情况下的设计工作。

　　第三步：新建 PCB 文件。点击 File—New—PCB，如图 2.20 所示。点击该命令之后会直接进入 PCB 设计器界面，如图 2.21 所示。PCB 设计器的主要功能就是设计PCB 文件，PCB 文件就是制作成实际电路板的文件。

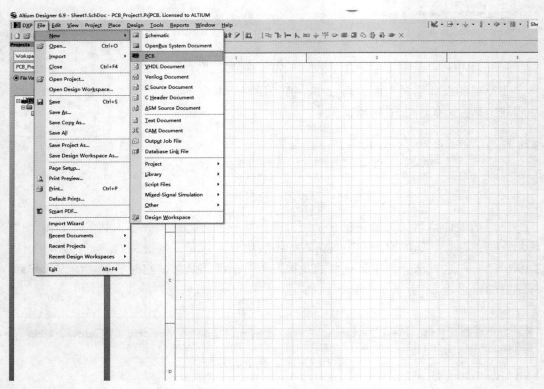

图 2.20　新建 PCB 文件

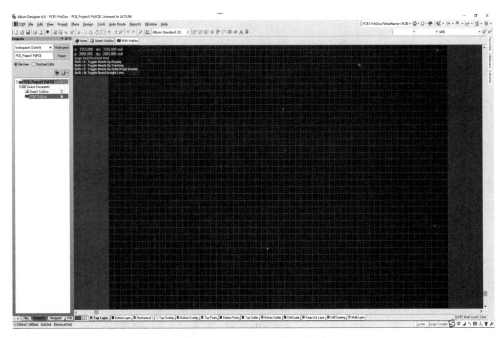

图 2.21　PCB 设计器界面

在 PCB 设计器的顶部也有两行工具条，如图 2.22 所示。

图 2.22　PCB 设计器默认工具条

PCB 设计器默认工具条与原理图设计器默认工具条一样也包含了三部分。第一部分为 PCB 基本命令工具条，如图 2.23 所示。第二部分为 PCB 标准原理图工具条，如图 2.24 所示。第三部分为 PCB 画线工具条，如图 2.25 所示。同样，在这三部分当中最重要的是第三部分 PCB 画线工具条，它对原理图的设计起到最重要的作用。

图 2.23　PCB 基本命令工具条

图 2.24　PCB 标准原理图工具条

图 2.25　PCB 画线工具条

　　绘制 PCB 图的时候，只需要在黑色的工作区域内依照原理图导出为 PCB 时根据电路网络产生的导线进行 PCB 图的电路绘制即可，使用图 2.25 中的 PCB 画线工具就可以完成原理图绘制的全部工作，读者应当熟练使用该工具条。与原理图画线工具条一样，只需要掌握 PCB 画线工具条中的几个常用按钮的使用方法就可以完成大多数情况下的设计工作。

　　第四步：创建原理图库文件。点击 File—New—Library—Schematic Library 命令，如图 2.26 所示。

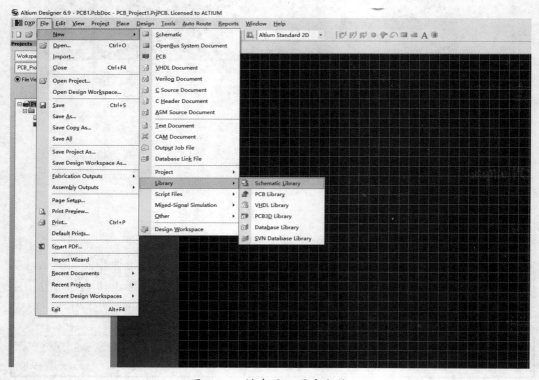

图 2.26　创建原理图库文件

　　点击该命令之后的界面如图 2.27 所示。

　　原理图库文件的作用主要是为了当 Altium Designer 6.9 库中没有某些元器件而需要用户自行设计时使用，而且图 2.27 的原理图库文件设计器只能用于设计原理图的元件库，其基本工具条的使用也与原理图的工具条类似。

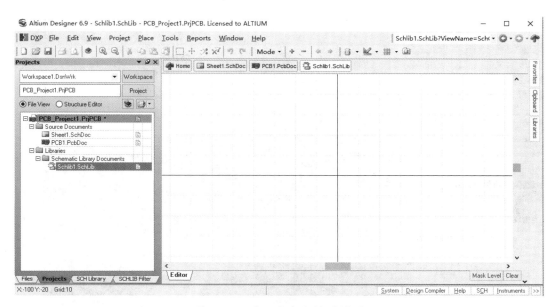

图 2.27　原理图库文件设计器

第五步：创建 PCB 元件库文件。点击 File—New—Library—PCB Library 命令。如图 2.28 所示。

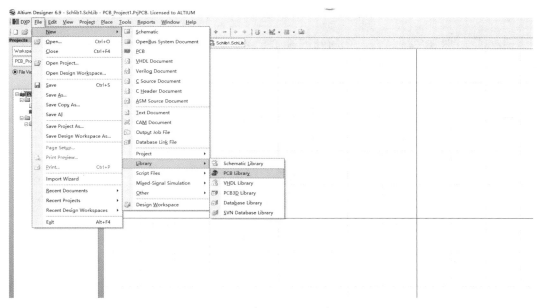

图 2.28　创建 PCB 元件库文件

点击该命令之后的界面如图 2.29 所示。

PCB 元件库文件的作用主要是为了满足 Altium Designer 6.9 的库中没有某些元器件的 PCB 元件封装，而需要用户自行设计元器件 PCB 封装时使用，而且图 2.29 的 PCB

元件库文件设计器只能用于设计 PCB 的元件封装库，其基本工具条的使用也与 PCB 设计器的工具条类似。

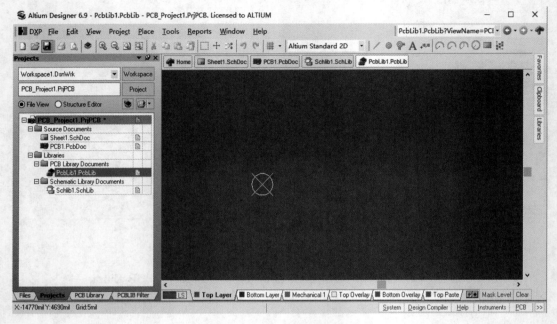

图 2.29　PCB 元件库设计器界面

第六步：保存全部文件。在新建的某个空文件夹中保存上述的五个文件，假设该文件夹的名称为 Design，如图 2.30 所示。

图 2.30　用于保存全部设计文件的 Design 文件夹

然后在 Altium Designer 6.9 软件中点击 File—Save All，如图 2.31 所示。

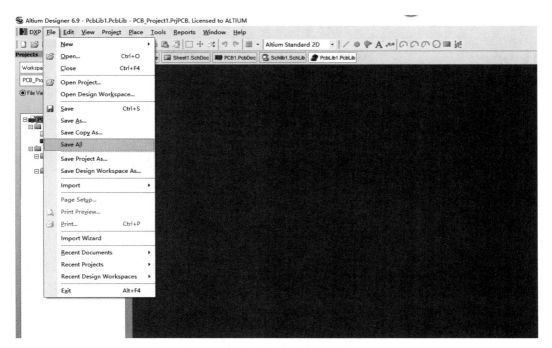

图 2.31　点击"全部保存"命令

点击"全部保存"命令之后，开始五个文件保存的过程。注意，我们将这五个文件统一命名为 MyDesign。首先保存 PCB 文件，如图 2.32 所示。

图 2.32　保存 PCB 文件

保存完第一个文件后，会自动弹出需要保存的第二个文件。第二个需要保存的文件是 PCB 元件库文件，如图 2.33 所示。

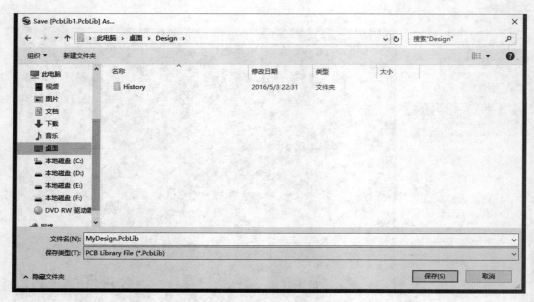

图 2.33　保存 PCB 元件库文件

然后继续自动弹出第三个保存文件，即原理图库文件，如图 2.34 所示。

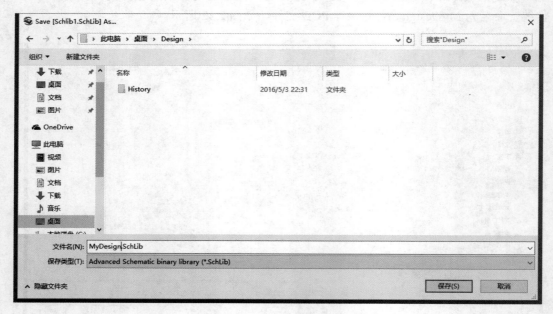

图 2.34　保存原理图库文件

进而继续自动弹出第四个需要保存的文件，为原理图文件，如图 2.35 所示。

图 2.35　保存原理图文件

最后，自动弹出的是第五个需要保存的文件，为工程文件，如图 2.36 所示。

图 2.36　保存工程文件

至此，工程中常用的五个文件从新建到保存的过程介绍完毕。最终在 Design 文件夹中生成的五个文件如图 2.37 所示。

名称

History
MyDesign.PcbDoc
MyDesign.PcbLib
MyDesign.PrjPCB
MyDesign.SchDoc
MyDesign.SchLib

图 2.37　Design 文件夹下保存的文件

　　注意，该文件夹中多出了一个 History 文件夹，History 文件夹是用户每次设计的文件的临时存储文件夹。根据经验，每次保存的时候都会在该文件夹下产生一个压缩包文件。如果不慎丢失了设计文件，则可以在 History 文件夹中找时间最近的压缩包去解压，然后看是否能找到最近的备份文件。这对用户不慎删除文件很有帮助。

　　在进行电路设计时，建议读者每次首先新建这五个文件，然后再开始电路设计工作。对于读者而言，Altium Designer 6.9 的功能异常强大，短时间内难以掌握其全部功能。那么采用某种较为固定的流程来快速进行设计是其应首要掌握的内容。这部分完全无需对 Altium Designer 6.9 的细节进行深入研究，但是如果希望能够在电路设计上有所深入研究，那么本书的内容远远不够，读者应当参考其他更专业的电路设计软件书籍。

2.2.2　使用 DXP 软件绘制核心板原理图

　　在 2.2.1 节中对 Altium Designer 6.9 进行了简要介绍，下面就依据简要介绍部分的内容，使用 Altium Designer 6.9 软件中的原理图设计器进行核心板原理图的绘制工作。首先双击左边 Projects 栏目中的原理图文档，如图 2.38 所示。然后依照 2.1 节的介绍开始进行原理图的设计工作。原理图的设计较为简单，需要了解的过程与需要注意的问题如下：

　　（1）首先放置所有的元件，元件的摆放依据 2.1 节中介绍的方式，以模块为单位摆放。

　　（2）摆放元件时，每个元件的标识符必须唯一，标识符即为 Designator 项后面的名称，该名称由用户自行设置，但要求该名称唯一。

　　（3）对摆放好的元件进行连线，连线的时候注意红色的叉表示连接，黑色的叉表示没有连接好，这里用户多尝试几次就能够体会。如果是两个节点进行连接，则不会出现连接点，如果是三个及以上的节点连接在一起，则会出现连接点。

　　（4）原理图设计时常用的库只有两个：Miscellaneous Devices 和 Miscellaneous Connectors。其中 Miscellaneous Devices 库中存放了常用的电子元件，如电容、电阻等；Miscellaneous Connectors 库中存放了常用的接头元件，如插针。

（5）编译原理图、编译工程。如果在编译的过程中出现错误，则需要返回上面的步骤进行修改，直到该步骤没有错误为止。

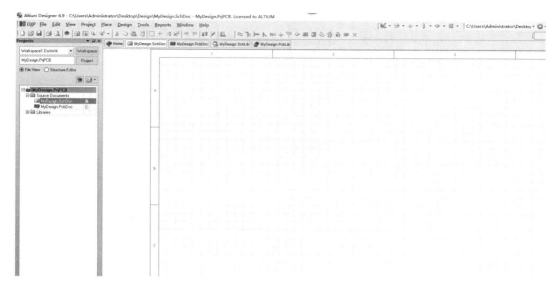

图 2.38　打开原理图设计器

下面就依照上述的几个步骤来进行核心板原理图的设计工作。点击画线工具条中的 Place Part 命令放置元件，如图 2.39 所示。

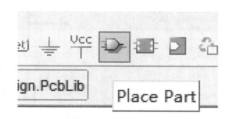

图 2.39　"放置元件"命令

也可以在原理图编辑器界面空白处右击图中的"放置元件"命令（Place Part 命令），开始放置元件，弹出如图 2.40 所示的对话框。

在弹出的对话框中点击 History 旁边的 ... 按钮，弹出的对话框如图 2.41 所示。

在 Library 右边的下拉框中是可以选择对应的库的，我们放置元件的时候需要选择 Miscellaneous Devices 库，如果是放置接口，则需要选中 Miscellaneous Connectors 库。在图 2.41 所示的"浏览元件库"对话框中可查找需要的元件。下面就以图 2.1 电源滤波电路图为例来介绍部分设计的原理图。图 2.1 中有两个元件，一个接头。两个元件均为电容，一个接头为电源接头，因此首先需要放置这三个元件。在图 2.41 中点击 Cap，然后点击 OK。在弹出的对话框中将 Designator 项目中的 D ? 改成 C1，如图 2.42 所示。

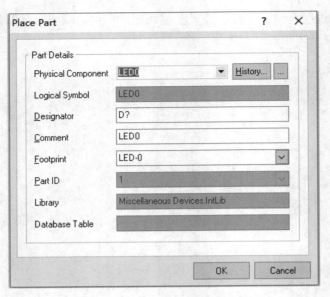

图 2.40　"放置元件"对话框

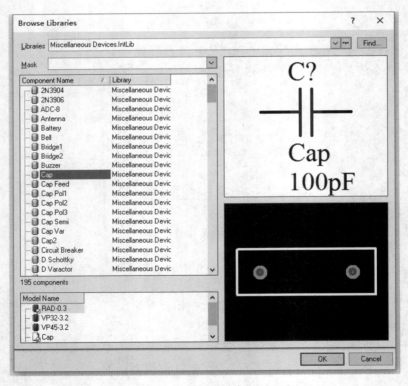

图 2.41　"浏览元件库"对话框

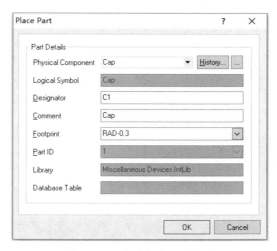

图 2.42　放置电容元件 C1

点击 OK，则该元件就出现在鼠标上。此时拖动鼠标，元件就跟随鼠标移动。只要不点击鼠标左键就可以将元件拖动到图纸上的任意一个位置。此时按下键盘上的 Table 键来设置该元件的属性。每个元件都是按照这种方式设置属性的，读者尽量在将元件放置到图纸上之前就使用 Tab 键来设置元件的属性。按下 Tab 键之后会出现 Component Properties 对话框，如图 2.43 所示。

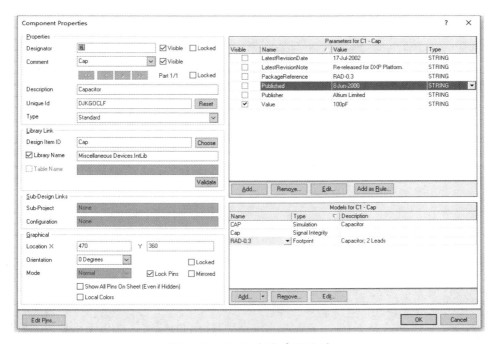

图 2.43　C1 元件的属性设置

CI 元件只需要修改两个参数：一个是元件的 Value 值，另外一是元件 Comment 注释的可见性 Visble。根据图 2.1 中的元件值，将元件的 Value 修改为 0.1μF，然后取消勾选 Comment 注释的可见性 Visible 前面的复选框，如图 2.44 所示。

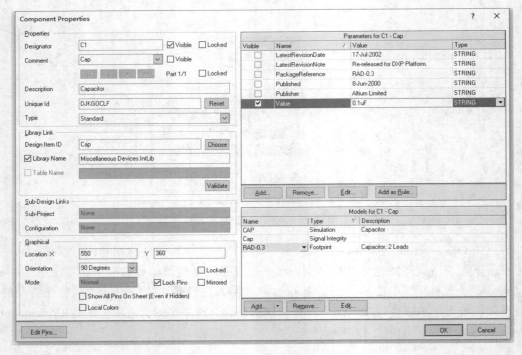

图 2.44　修改 C1 元件的属性

　　修改完毕之后点击 OK，确认修改，当找到一个合适的位置，就点击鼠标左键放置该元件。如果元件需要旋转，则在点击鼠标左键之前按键盘上的空格键。放置该元件到图上的情况如图 2.45 所示。

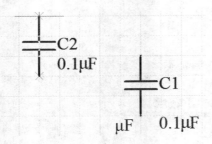

图 2.45　放置 C1 元件到原理图

　　放置 C1 元件到原理图上之后，鼠标上自动出现了第二个电容元件 C2，这是系统的自动化功能，即自动产生了第二个相同的电容元件 C2，但元件的命名从 C1 自动变成了 C2。如果需要这个元件可以继续将其放置到合适的位置，如果不需要该元件则只需按下键盘上的 ESC 键放弃即可。考虑到图 2.1 中第二个电容 C2 与电容 C1 不同，因此按下键盘上的 ESC 键，则再次弹出如图 2.42 所示的对话框。再次点击 ... 按钮查找下一个不同类型的电容。C1 是瓷片电容，不区分极性；C2 是电解电容，要区分极性。

查找一个有极性的电解电容如图 2.46 所示。

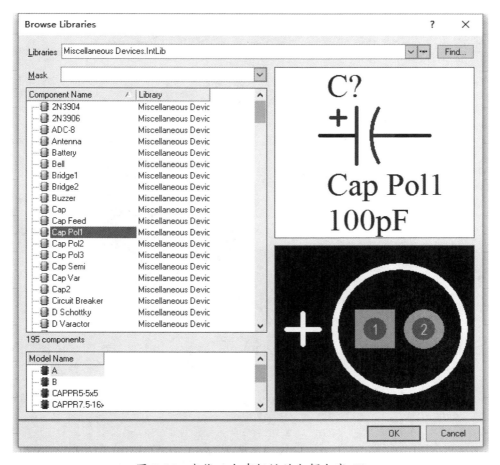

图 2.46　查找一个有极性的电解电容 C2

选择 Cap Pol1，点击 OK。设置 Designator 为 C2，再次点击 OK。按下 Table 键设置其属性，隐藏 C2 的 Comment，并设置 Value 值为 47μF，然后将 C2 放置到原理图上，如图 2.47 所示。

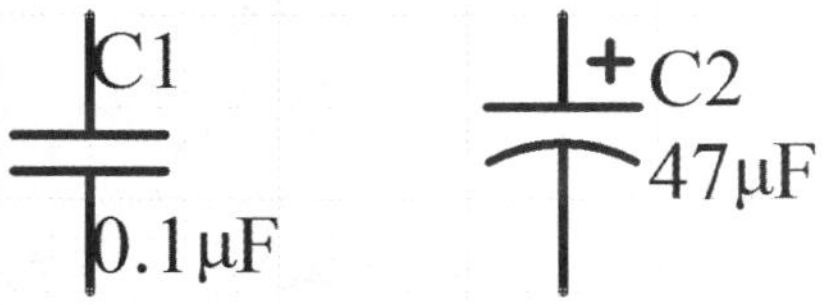

图 2.47　放置电容元件 C2

下面继续放置图 2.1 中的最后一个元件——电源接头 Pwr。同样点击 Place Part 按钮，弹出如图 2.42 所示的对话框，然后点击 History 旁边的 ... 按钮，然后在 Library 中选择

Miscellaneous Connectors 库，如图 2.48 所示。

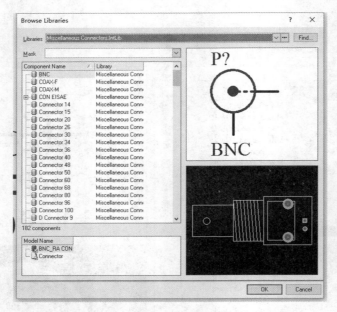

图 2.48　选中 Miscellaneous Connectors 库

在 Miscellaneous Connectors 库中找到 PWR2.5 电源接头元件，如图 2.49 所示。

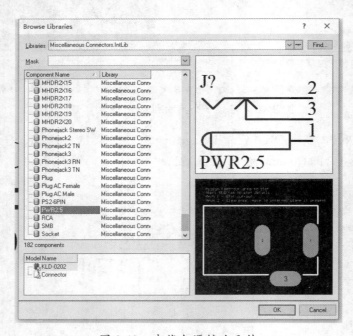

图 2.49　查找电源接头元件

通常情况下，很多设计者并不知道库中到底有哪些元件，有三种办法可以解决该问题：第一种办法是在上面介绍的 Devices 和 Connectors 库中逐个查找，图 2.49 中右边显示有该元件的原理图与 PCB 封装，设计者大致可以知道它是什么元件；第二种方法就需要知道元件的具体名称，可以点击图 2.49 中的 Find 按钮，然后在弹出的 Find 对话框中输入关键字进行搜索（Search 按钮）；第三种情况则是设计者通过自行设计库来解决问题。

点击图 2.49 中的 OK 按钮，同样需要对 Designator 进行修改，按下 Table 键修改元件属性，隐藏该元件的 Comment。修改 Designator 为 Pwr，如图 2.50 所示。

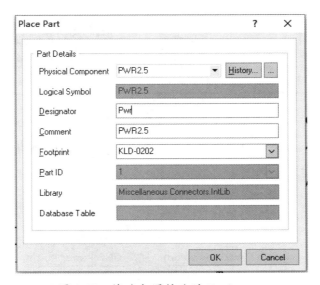

图 2.50 修改电源接头的 Designator

设置元件属性后放置该元件到原理图上，如图 2.51 所示。

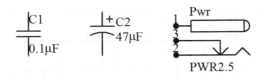

图 2.51 放置电源接头元件

将所有元件都放置到原理图上后即可进行连线，点击 Place Wire 命令，如图 2.52 所示。

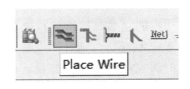

图 2.52 Place Wire 命令

连线时注意连接点必须是红色的叉叉才表示连接正确，如图 2.53 所示。

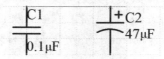

图 2.53　正确的连接图

连线完毕之后的图如图 2.54 所示。

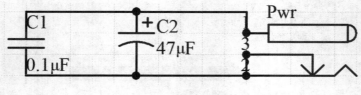

图 2.54　连线结束图

在连线完毕后的图上放置电源与地线，点击工具栏中的放置电源命令和放置地线命令，再把它们逐个放置到对应的位置，如图 2.55 所示。

图 2.55　"放置电源"命令与"放置地线"命令

放置电源与地线之后，为了使设计图更加美观，可适当调整一下元件值的位置，使元件的值靠近元件，如图 2.56 所示。

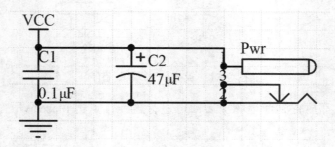

图 2.56　设计完成的图

显然，图 2.56 与图 2.1 是一致的，那么后续的设计就留给读者自行完成。当然，由于本章核心板部分的设计属于介绍性质，读者如果认为其难度较大，则只需初步了解本章，在后续的学习中如果能够完成一些初步的设计，回头再慢慢进行核心板电路的设计即可。完整的核心板原理图如图 2.57 所示。

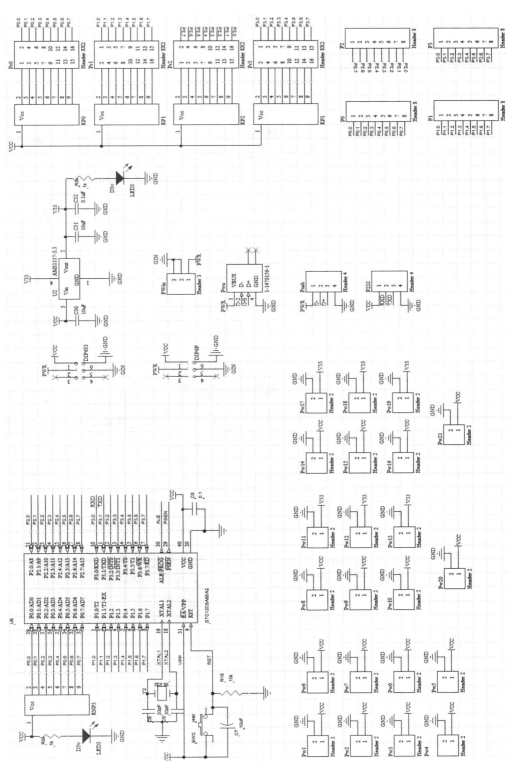

图 2.57　完整的原理图

2.2.3 使用 DXP 软件绘制核心板 PCB

完成了原理图设计之后，需要对整个原理图进行编译，点击 Project—Compile Document PAGE1.SchDoc 编译整个原理图，如图 2.58 所示。

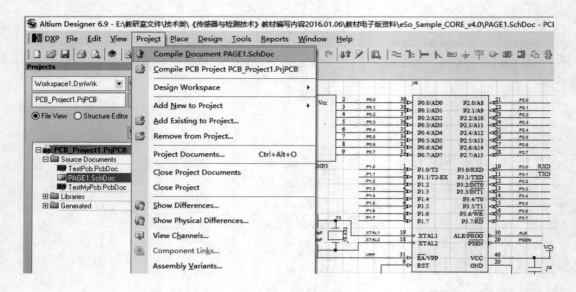

图 2.58 编译整个原理图

完成原理图编译之后，需要对整个工程进行编译，点击 Project—Compile PCB Project PCB_Project1.PrjPCB 编译整个工程，如图 2.59 所示。

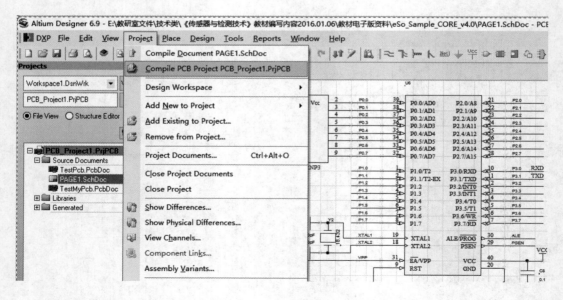

图 2.59 编译整个工程

编译没有出错则表示基本没有问题，图 2.58 与图 2.59 的编译规则都是软件的默认规则，读者刚开始设计原理图与 PCB 时可以采用默认规则来执行。编译完成后需要从原理图导出 PCB 设计图，点击 Design—Update PCB Document TestMyPcb. PcbDoc，如图 2.60 所示。

图 2.60　更新 PCB 命令

在点击该命令后，弹出"工程变更"对话框，如图 2.61 所示。

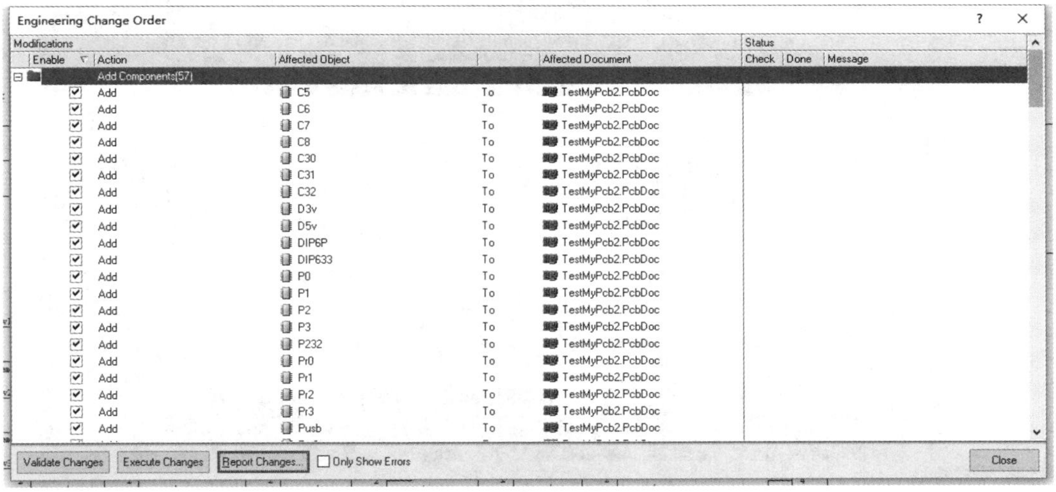

图 2.61　"工程变更"对话框

点击左下角的 Validate Changes 按钮确认改变。此时在"工程变更"对话框中会有自动查找错误过程。如果出错，状态列会显示为红色叉叉状态；如果无问题则会显示为绿色对号状态，如图 2.62 所示。

若无差错，则单击 Execute Changes 按钮，将 PCB 底板导入到 PCB 图上准备设计PCB。注意，点击 Execute Changes 按钮后将直接从原理图设计器跳转到 PCB 图设计器，如图 2.63 所示。

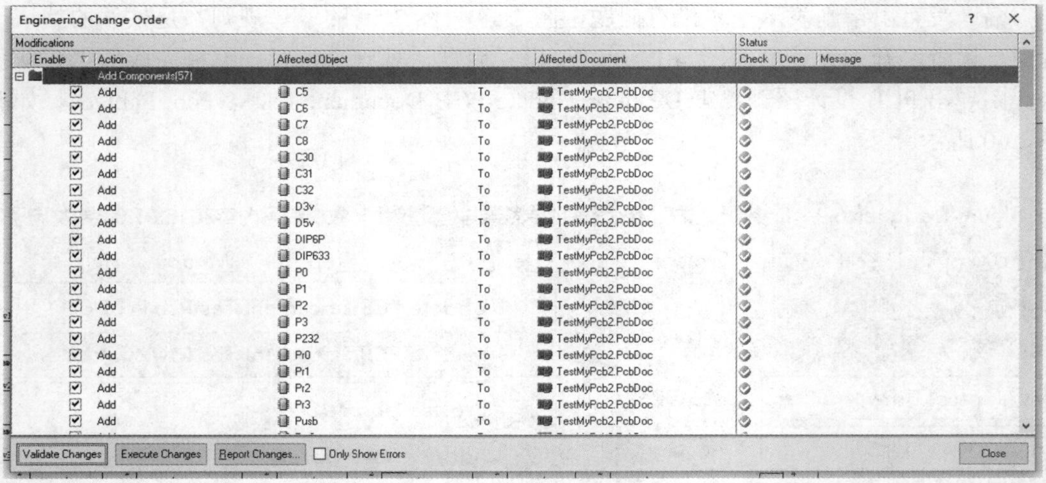

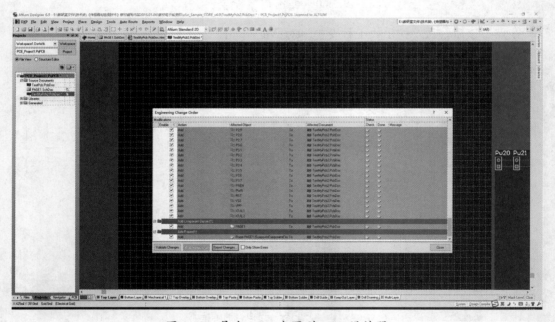

图 2.62　状态检查

图 2.63　导出 PCB 底图到 PCB 设计器

　　后续的工作将在 PCB 设计器（就是目前看到的黑色界面）中继续完成。点击 Close 按钮进入 PCB 设计工作。按住 Ctrl 键并向下滚动鼠标中轮（注意这种操作频度非常高），找到从原理图导入过来的元件并将元件拖动到设计器中央的位置，选中并删除底板。然后摆放元件位置，以便于布线处理，如图 2.64 所示。（注意：设计过程中会经常使用到键盘上 Z，A 键，先按下 Z 键再按下 A 键，可调整图像到合适的窗口。）

　　对图 2.64 中的元件进行布局，布局的目的是调整这些元件到合适的位置，本书采用的电路板设计布局如图 2.65 所示。

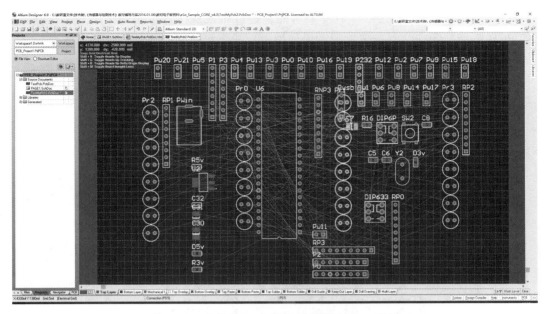

图 2.64　元件导入后移动到设计器中心位置

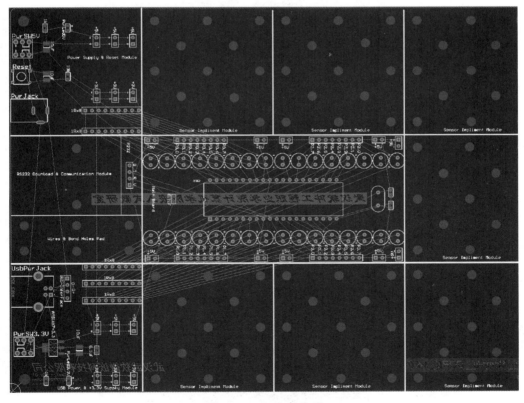

图 2.65　元件布局图

完成全部元件的布局之后，就需要对元件进行布线操作，布线操作是基于正确导入的 PCB 图的，图中会存在引导线，可使用引导线来进行布线设计工作。完成布线之后的 PCB 图如图 2.66 所示。

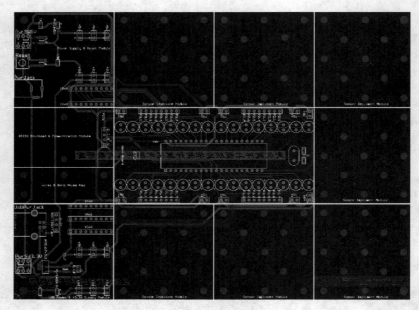

图 2.66 完成布线设计的 PCB 图

最后，为了抗干扰设计还需要进行覆铜操作，并且给出电路板的物理尺寸，典型的核心板电路设计图如图 2.67 所示。

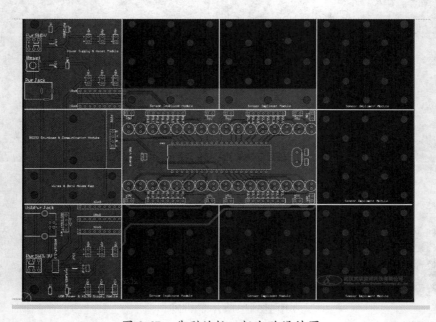

图 2.67 典型的核心板电路设计图

完成设计之后的实物核心板 3D 图如图 2.68 和图 2.69 所示：

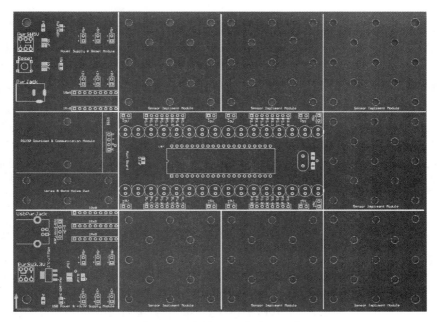

图 2.68　实物 3D 图（正面）

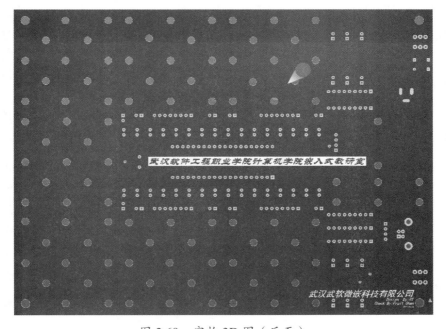

图 2.69　实物 3D 图（反面）

　　至此核心板电路设计工作已经全部完成，如果需要批量制造，则可以将该 PCB 文件送到制版厂家进行电路板制造。

2.3 焊接核心板

完成电路设计工作之后，需要制造出电路板。制造电路板的工作由电路板制版厂家完成，只需要将设计图文件发送给电路板的制版商家即可。用户可以在淘宝上找到很多 PCB 制造商，核实价格后便可以直接联系该商家进行电路板制造工作。实际制作出来的电路板与图 2.68 和图 2.69 完全一致。下面的任务就是对实物核心板进行焊接工作。

2.3.1 准备焊接环境

焊接核心板电路与后续章节中介绍的焊接其他模块的过程基本一样。首先需要准备焊接的环境，典型的焊接工作环境所需的物品有：

（1）电烙铁；

（2）万用表；

（3）焊锡丝；

（4）各种元器件；

（5）其他有关设备。

对于焊接而言，电烙铁、万用表、焊锡丝、配套元器件是必备的，其他的设备通常用于电子实验室中的测试等有关工作。

2.3.2 元件的识别

在介绍焊接之前，首先让读者初步了解一些常用的元器件，在后续章节中我们会根据需要介绍有关的元器件知识。

（1）电阻

电阻是不分正负极的电路元件，典型的电阻元件如图 2.70 所示。

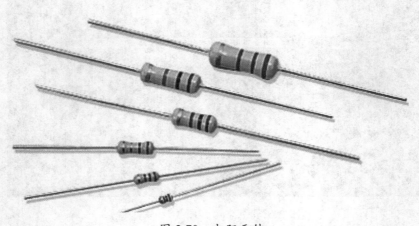

图 2.70　电阻元件

（2）电容

电容有些有正负极之分，有些没有，一般电解电容的的负极有一条黑色或白色的粗线，并在上面标注了"0"。典型的电容元件如图 2.71 所示。

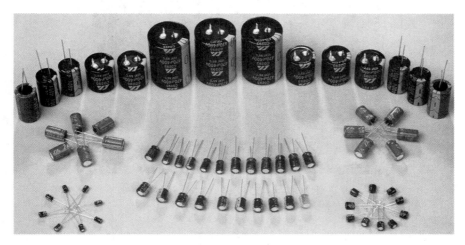

图 2.71　电容元件

（3）排针

排针元件也有很多不同的种类，它主要作为接插件使用，用于连接线或是其他电路。典型的排针元件如图 2.72 所示。

图 2.72　排针元件

（4）LED 发光二极管

在电路上有很多地方需要用信号灯来指示电路的工作状态，典型的指示元件就是 LED 发光二极管，简称发光 LED。LED 发光二极管元件通常在未剪短引脚的前提下长脚为正极，短脚为负极。典型的 LED 发光二极管如图 2.73 所示。

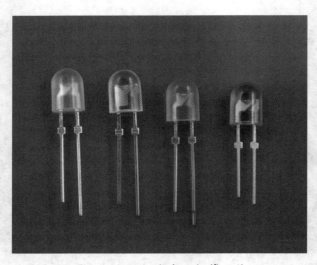

图 2.73　LED 发光二极管元件

（5）继电器

继电器元件主要用于控制工作，尤其适合于使用弱电控制强电的场合。例如，我们需要使用继电器控制市电（220V 家用交流电）的通断来控制室内的照明灯、电风扇等电器设备。继电器本质上是一个电子控制的开关元件，典型的继电器元件如图 2.74 所示。

图 2.74　继电器元件

（6）三极管

三极管是模拟电路与数字电路中最常用的元件之一，它能够实现开关、放大的基本能力，典型的三极管元件如图 2.75 所示。

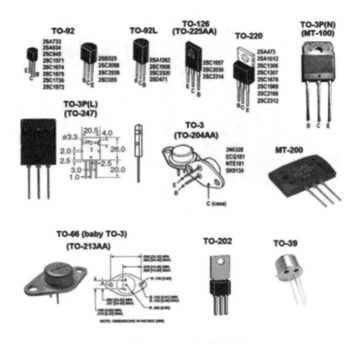

图 2.75　三极管元件

（7）万能板

万能板是数字电路中常用于实验的电子元件，它作为电路的承载基板使用。在万能板上焊接有很多电路，并进行了初步调试，可以用于初步验证电路的正确性，避免昂贵的制版费用。典型的万能板元件如图 2.76 所示。

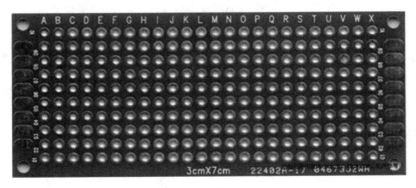

图 2.76　万能板元件

（8）单片机

数字电路中的核心元件通常是微控制器，而单片机是微控制器中最重要的一类，典型的单片机元件如图 2.77 所示。

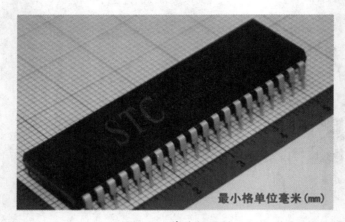

图 2.77　单片机元件

2.3.3　焊接核心板

核心板焊接时需要准备的设备有：电烙铁、焊锡丝、镊子、尖嘴钳、万用表等。电烙铁如图 2.78 所示。

图 2.78　电烙铁实物图

图 2.79 中从左至右依次为焊锡丝、镊子、尖嘴钳。

图 2.79　焊锡丝、镊子、尖嘴钳实物图

万用表实物图如图 2.80 所示。

图 2.80 万用表实物图

加热图 2.78 中的 936 电焊台，一般加热温度为 300℃。当红色指示灯不闪烁时则可以开始焊接，焊接完成后的核心板如图 2.81 和图 2.82 所示。

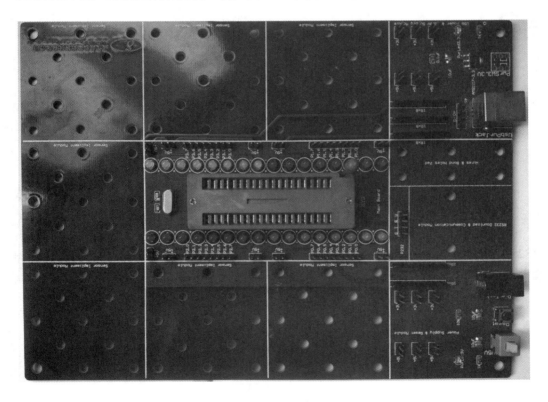

图 2.81 焊接完成的核心板正面

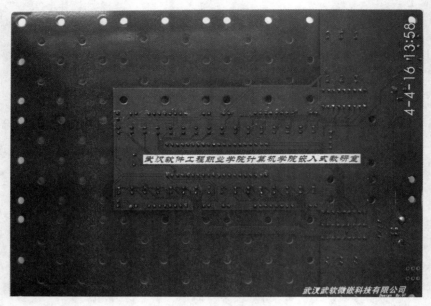

图 2.82　焊接完成的核心板背面

2.4　核心板测试

核心板测试的主要目的是确定核心板的可用性，测试的步骤如下。

第一步：连接好硬件核心板与下载模块。

第二步：准备一个可下载的演示文件。

第三步：下载该文件到核心板。

第四步：观察模块的基本行为是否正确。

第五步：若不正确则从第一步开始查找问题，并重复上述步骤。

下面就针对上面的五个步骤进行核心板的测试工作。首先连接好核心板与下载模块。下载模块有两类，一类是 RS232 接口的下载模块，另一类是 USB 转 RS232 通信的下载模块。现代计算机通常不再带有 RS232 串行通信模块，因此本例采用 USB 转 RS232 串行通信模块来进行下载工作。核心板与下载模块的两种通信方式连接示意图如图 2.83 所示。

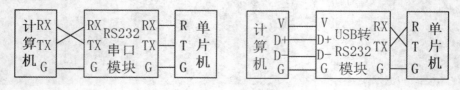

图 2.83　两种通信方式连接示意图

实物连接图如图 2.84 所示。

图 2.84　核心板与下载模块的实物连接图

本书准备了一个可供下载的测试文件，名称为 Test.hex。该文件的主要功能是实现几种不同变换的流水灯，用于测试单片机的全部 I/O 口的工作状况。下面就下载该文件到开发板上。

第一步：打开 STC-ISP 软件，如图 2.85 所示。

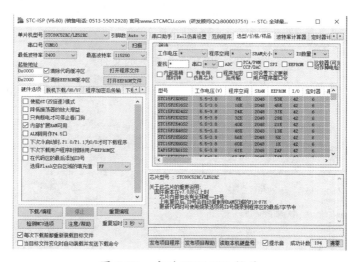

图 2.85　启动 STC-ISP 软件

然后选择单片机型号：STC89C52RC，如图 2.86 所示。

单片机型号 STC89C52RC/LE52RC ⌄

图 2.86　选中 STC89C52RC 单片机

第二步：点击"打开程序文件"按钮，如图 2.87 所示。

打开程序文件

图 2.87　"打开程序文件"按钮

第三步：在弹出的界面中找到需要下载的 Test.hex 文件，并点击"打开"，如图 2.88 所示。

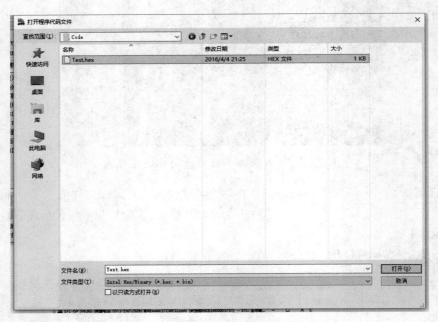

图 2.88　找到需要下载的文件

第四步：关闭电路板电源，并点击"下载 / 编程"按钮，如图 2.89 所示。

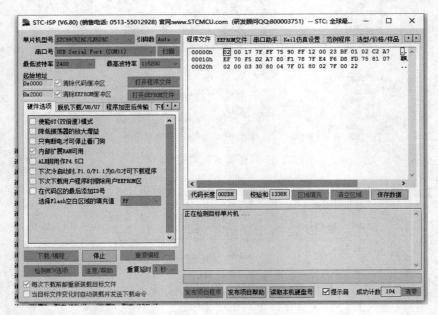

图 2.89　点击"下载 / 编程"按钮

第五步：接通开发板的电源，此时可以看到"正在检测目标单片机 ..."一栏中开始了下载过程，如图 2.90 所示。

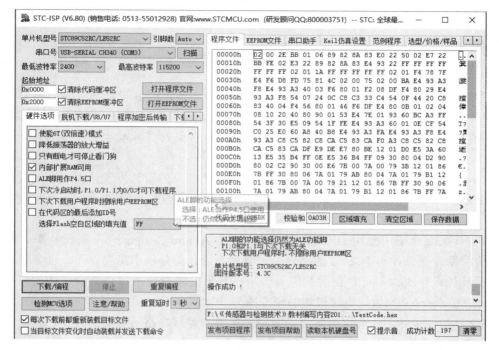

图 2.90　下载程序到单片机开发板

第六步：下载完毕之后，程序自动在单片机开发板上运行，其运行效果如图 2.91 所示。

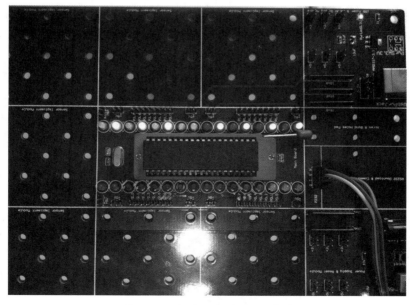

图 2.91　程序运行实际效果图

如果能够正常运行该代码，则可以看到全部的代码功能。如果没有任何异常现象发生，则表示该电路板基本工作正常，初步测试可以通过。

2.5　本章小结

本章初步描述了单片机核心板的原理图设计与实现、PCB设计与实现、核心板的焊接、简单元件识别以及简要的可执行代码下载等全部过程。本章的内容属于介绍部分，初学者可能存在很多难以理解的问题，后续章节中将深入讲解本章中没有深入介绍的内容。

2.1节重点描述了单片机最小系统设计中的各个部分的设计原理，由原理图设计的方式表现出来，尤其是电源模块设计、晶振模块设计、复位电路设计，以及其他部分的设计等内容。

2.2节重点介绍了使用DXP软件的升级版本Altium Designer 6.9来设计单片机最小系统的原理图设计与PCB设计部分。本节对于设计部分属于简要介绍，读者只需要初步了解该设计流程即可。在后续的章节中，对于模块设计，将会详细讲述如何采用Altium Designer 6.9来设计电路模块的原理图与PCB。

2.3节通过实际图片来说明常用的电路元器件和焊接电路所需要的设备，并简要介绍了焊接核心板的过程。在后续章节的模块设计中将详细讲述如何进行焊接工作。

2.4节给出了电路测试的简单流程，并简要通过下载一个HEX文件的方式来测试电路的工作状态，如果能够正常运行完本文给出的HEX例子，则可以认为该核心板基本能够正常工作，在后续章节中的模块设计与实现部分我们将详细描述如何产生HEX文件，并通过下载HEX文件到开发板测试模块以及核心功能的可用性。

本章的主要目标为初步介绍核心部分的设计与实现，以及基本的电子电路的简单知识。读者的学习目标也应重点放在了解上，如果无法实现教材上的一些实验性的内容也没有很大关系，因为后续章节中将会详细地介绍这些知识与内容。当然，如果读者将本书学习完毕，则应当具备设计与实现本章所讲述内容的能力。如果读者认为本书对于电子电路设计部分的讲述不够深入，也可以参考更加专业的电路设计书籍来进行设计与实现。本章中的图2.57为详细的原理图的设计图纸，图2.65为元件的大致布局，这些图都可以作为未来读者自行设计核心板电路的设计参考。

◎【项目实施】

E2.1 设计与实现核心板原理图

E2.2 测试核心板的可用性

第3章
使用 C 语言控制核心系统

　　绝大多数程序设计的初学者都会忽视算法的重要性。实际上，没有正确的算法就没有正确的程序。通常程序设计在嵌入式系统中是实现测量与控制的关键因素。本章将通过说明如何使用算法设计、翻译成 C 语言和对核心控制系统进行操作这三个步骤来解释本章的主要内容。

　　本章需要了解的要点如下：
- ✓　集成开发环境的搭建（工程建立、工程配置、
- ✓　HEX 文件生成）
- ✓　使用 ISP 软件下载可执行文件到核心硬件
- ✓　使用 C 语言初步驱动硬件工作

　　本章需要了解的要点如下：
- ✓　算法设计的思想
- ✓　算法翻译成程序的方法
- ✓　C 语言控制硬件初步体会

3.1　算法概述

算法通常被定义为"解题方案的准确而完整的描述，是一系列解决问题的清晰指令，算法代表着用系统的方法描述解决问题的策略机制"。实际上，我们可以简单理解为：算法就是为了能够使用计算机语言编程来解决问题的步骤。算法在实际应用上有如下几个关键特征：

（1）必须保证能够解决问题。

（2）必须是一系列步骤。

（3）必须能够通过某种方式转变为计算机程序。

> 🐎 说明
>
> 一般学术界定义算法的关键特征是五个：有穷、确定、可行、有输入、有输出。我们认为在确保能解决问题的前提下，算法的核心目标有两个：一个就是确定解决问题的方法，这个方法最终转变为具有先后次序的流程；另一个就是要能够转化为程序，这是因为算法所确定的流程最终需要计算机程序语言来实现，并且由计算机执行算法确定的思路来解决问题。

由上述关键特征可见，在编写任何程序之前首先应该确定"思路"，这个思路就是算法。

3.1.1　简单算法设计思路

是否能够正确编写一个算法，决定了后面编写的程序是否正确。但是掌握算法的设计相对比较困难，这是由于算法设计需要两方面的知识：一方面是能够找到一个解决问题的方法，另一方面是该方法能够使用计算机语言描述。

> 🐕 要点
>
> 算法设计需要掌握两方面的知识：
>
> （1）找到解决问题的方法。基本上只要清楚了解问题是什么，多数人都能找方法，只是方法好不好的问题（算法的优劣）。
>
> （2）能够使用计算机语言描述。这相对"找到解决问题的方法"而言要难得多，因为必须对计算机的运行过程、内存逻辑架构等有所了解。从满足程序设计的角度而言，尤其需要掌握内存的逻辑结构。

下面我们通过一个简单的例子来说明算法的设计方法。

问题：求圆的面积。

初步分析：实际上，要求计算机帮助我们解决问题的时候，首先需要考虑到计算机的特性，即事情是一步一步来完成的（程序是一条一条执行的）。

求圆的面积首先需要知道圆的半径，因此第一步就是给出圆的半径；然后再用已知的半径计算 πr^2 的值；最后一步尤其重要：显示到屏幕上（这一步很关键，如果不告诉计算机显示到屏幕上，计算机将什么都不做，那么就不知道计算的结果是什么）。

整理：经过分析，我们初步整理的算法如下。

第一步：给出圆的半径 r。

第二步：计算 πr^2 的值。

第三步：显示计算的结果。

深入分析问题。

问题 1：计算机如果运行程序，用户是不是知道它到底要做什么？也就是说，用户使用软件的时候，计算机应该有提示之类的信息，用于引导用户去使用软件。那么这里用户要做的只是给出 r 值即可。

问题 2：初步算法的三个步骤是很清楚的，不能先计算 πr^2 的值，这是由于不知道 r 是多少。因此，第一步与第二步之间是有明确的先后顺序的。当然也不能先显示结果，因为还没算出来。常见的错误算法有下面两种：

算法 3.1　常见错误算法示例

第一步：计算 πr^2	第一步：输入 r 值
第二步：输入 r 值	第二步：输出结果
第三步：输出结果	第三步：计算 πr^2

问题 3：怎么输入 r 值？要解决这个问题就需要知道一点计算机知识。显然是使用键盘输入！因此第一步更精确的算法是：使用键盘输入 r 值。

问题 4：计算 πr^2 的值。这里很容易出错，原因是计算的结果通常需要保存。而如果仅仅只是计算，则结果算完之后就直接被丢弃了。也就是说，计算机计算的结果是临时的，要么使用临时结果，要么保存计算结果。因此第二步更精确的算法是：保存 πr^2 的计算结果。最终算法如下：

算法 3.2　详细算法示例

第一步：提示用户输入半径 r
第二步：从键盘输入半径 r

第三步：计算 πr^2，并保存结果

第四步：显示该结果

至此，一个精确的算法已经完成，并且只要对某种计算机语言（除了汇编这种非常底层的语言之外）比较清楚，通常很容易写出程序。

> **故事**
>
> 很多学生在见到这个问题的时候都认为很简单，通常会问："这不就是 πr² 吗？这个很简单啊，只需要知道 r 我都可以大概心算出结果了，干嘛要计算机编程来算？"。看上去的确是这样，但是如果应用要求连续计算 10000000000 个不同半径 r 的圆的面积、或者是要求计算 r=123.1234567788 时候的圆的精确面积，我想这个提问的学生估计不会去心算了。计算机尤其能解决规模与精确度问题，这是计算机延伸人脑智力的典型表现。

3.1.2 算法实现

程序不同于算法，算法只是表达了准确的解决问题的思路，而程序则必须要解决问题。因此程序必须要严格与严谨。通常一个 C 语言程序必须包含如下几个方面的内容：

算法 3.3　C 语言程序基础框架结构

```
包含与定义部分；

    #include <文件名.H>  //include 可能有多行
    或是#include  "文件名.H"


    #define  常量名    常量值
    全局变量声明/定义；
    函数声明/定义；

返回值  main  （参数表）
{
    变量声明/定义部分；


    语句部分
}
```

首先完成"翻译"的过程。上一节设计了一个"合适"的算法，下面的问题是如何将其变成 C 语言程序。事实上，本书要求读者对 C 语言有基本的认识，也就是能够编写基础的 C 语言程序。下面我们就采用一种称为"对应翻译法"的方法来"翻译"上述算法。对应翻译法的核心是：一个算法步骤翻译成一个对应的 C 语言语句。上述算法翻译的实例如下：

算法 3.4   算法对应的 C 语言翻译

第一步：提示用户输入半径 r	对应翻译：printf("请输入半径 r：");
第二步：从键盘输入半径 r	对应翻译：scanf("%f",&r);
第三步：计算 πr^2，并保存结果	对应翻译：result = pi * r * r;
第四步：显示该结果	对应翻译：printf("\n 圆的面积等于-%f",result);

从上面的翻译示例可见，翻译不是关键问题；算法步骤是否能够符合计算机解决问题的方法是才关键问题。也就是说，是否能分析清楚、有准确的算法步骤设计，成为了后续程序设计的要点。算法翻译虽然结束了，但是对于整个程序而言还没有结束。下面我们就给出完整的程序。

算法 3.5   完整 C 程序示例

```
#include<stdio.h>          //包含 stdio.h 库文件是为了能使用 printf、scanf 等标准函数
#define pi 3.14159         //注意 define 语句最后不要加分号，除非有特殊用途
void main (void)
{
    //第一部分：变量定义部分
    float result,r;

    //第二部分：语句部分
        //第一步：提示用户输入半径 r
        Printf("请输入半径 r：");
        //第二步：从键盘输入半径 r
        Scanf("%f",&r);

        //第三步：计算 πr²，并保存结果

        result = pi * r * r;
        //第四步：显示该结果
        Printf("\n 圆的面积等于：%f",result);
}
```

3.2 软件环境搭建

在工程应用中,单片机的嵌入式开发主要采用 C 语言来进行设计。其软件设计环境不使用 VC6.0 环境而使用 Keil 环境。本书采用支持的 51 单片机的环境 Keil2 版本。在这一节中,我们将介绍后续工作中必须使用到的软件开发环境 Keil 的工程建立、配置、开发等有关操作。

> 🔊 注意
>
> 高版本的 Keil 环境是 MDK,例如:MDK4.72。

3.2.1 Keil 集成开发环境简介

Keil 集成开发环境是 Keil 公司专门为单片机开发的集成开发环境 IDE。目前我国主流的单片机使用的是北京宏晶科技有限公司生产的 STC 系列 51 内核单片机,并与传统 51 相兼容。下面介绍 Keil2 的基本开发环境。

Keil2 启动后的界面,如图 3.1 所示。

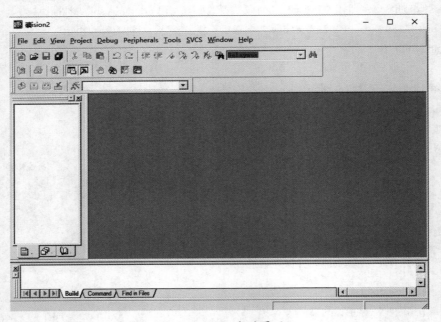

图 3.1 Keil2 启动界面

通常使用得最多的部分为上述界面的左上角的功能按钮区,如图 3.2 所示。最常用按钮为 File、Project、Debug。

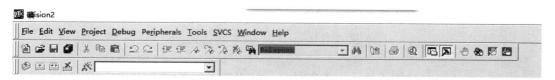

图 3.2　功能按钮区

Keil2 界面左边一列为工作区，如图 3.3 所示。

图 3.3　工作区

　　工作区有三个选项卡：文件选项卡 Files，寄存器选项卡 Regs，手册选项卡 Books。其中文件选项卡中显示的是工程文件的目录树，由于未建工程，所以当前为空。寄存器选项卡显示的是寄存器当前处理的各个寄存器的值。手册选项卡是 Keil2 的使用帮助文件。

　　主界面的最下端是输出窗口，输出窗口如图 3.4 所示。

图 3.4　输出窗口

　　输出窗口也有三个选项卡，Build 选项卡为当前编译的输出状态显示，Command 为命令输入选项卡，Find in Files 为在文件中查找某信息的选项卡。

　　由上可见，Keil2 集成开发环境的整体操作是比较简单的，只要掌握基本操作，便

第 3 章

可以在很短时间内进行基于 C 语言的开发。

3.2.2 工程与配置

初步了解了开发环境之后，本小节将重点介绍两个问题：建立一个工程和配置一个工程。

（1）建立一个工程

建立一个工程遵循的步骤为：新建一个工程文件夹、新建工程、选择芯片、新建 C 文件、添加 C 文件到工程。

第一步：新建一个工程文件夹。本文在 D 盘下新建了一个名为 TestNewPro 的文件夹，如图 3.5 所示。

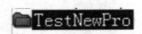

图 3.5　新建文件夹

第二步：新建工程。安装 Keil2 后点击 Keil2 运行图标，如图 3.6 所示。

图 3.6　Keil2 运行图标

在运行界面中点击工具栏的 Project 按钮，如图 3.7 所示。

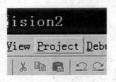

图 3.7　Keil2 软件启动后点击 Project 按钮

在弹出的下拉列表中点击 New Project 按钮，其结果如图 3.8 所示。

图 3.8　点击 New Project 按钮后的结果

在"文件名"一栏中输入工程名称，例如 TestPrj，如图 3.9 所示。

图 3.9　文件名编辑

点击"保存"按钮保存文件。

第三步：选择芯片型号。默认采用 STC89C52RC 芯片，该芯片与 STC 系列 51 内核单片机兼容，如图 3.10 所示。

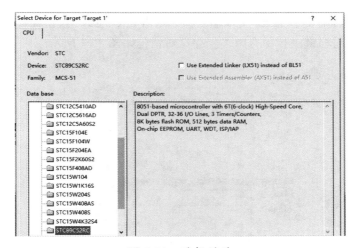

图 3.10　选择芯片

选中芯片后，点击"确定"。注意在工作区的左上角出现了 Target 1，该名称是可以通过双击鼠标左键修改的，如图 3.11 所示。

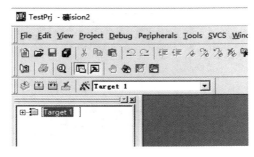

图 3.11　修改工作区名称

第四步：新建 C 文件。修改完工作区名称后（当然也可以选择默认，如果选择默认则工作区名称为 Target 1），点击 File—New。其结果如图 3.12 所示。

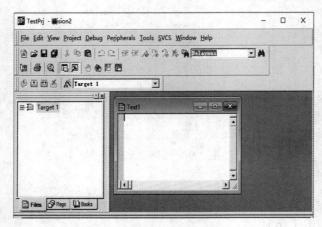

图 3.12　新建 C 文件后出现的文本框

新建 C 文件后出现了 Text1 文本输入框。点击 File—Save 按钮保存该文本，当然，也可以按 Ctrl+S 组合键进行保存。"保存"对话框如图 3.13 所示。

图 3.13　"保存"对话框

修改文件名为自己希望的名称，这里修改文件名为 main.c，如图 3.14 所示。请注意：此处的文件名一定要加后缀 .c。

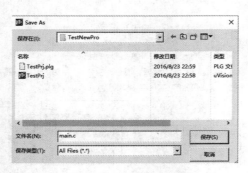

图 3.14　修改文件名

文件名修改后点击"保存"。

第五步：添加 C 文件到工程。点击工作区名称 Target 1 上点击左键展开，如图 3.15 所示。

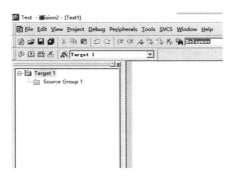

图 3.15　展开工作区名称 Target 1

在展开的 Source Group 1 上点击右键，选择 Add Files to Group' Source Group 1' 添加刚刚新建的 main.c 文件，如图 3.16 所示。

图 3.16　点击 Add Files to Group' Source Group 1' 添加文件

 注意

　　右键双击 Source Group 1 也可以修改 Source Group 1 这个名称，Source Group 1 是源代码组 1 的意思。

在弹出的对话框中选中需要添加的文件（这里添加的文件是main.c），单击Add按钮。请读者特别注意：只需要点击一次，否则会弹出重复添加的错误提示框。如图3.17所示。

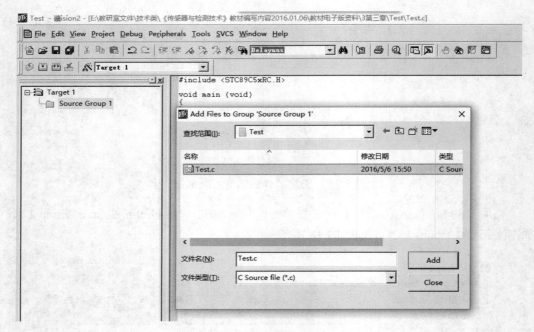

图 3.17 "添加文件"对话框

至此，一个工程文件的建立过程已经全部完成。

（2）配置一个工程

配置一个工程遵循选中目标、配置输出、填写代码、编译代码、检查结果并生成HEX文件几个过程。

第一步：选中目标。点击Keil2软件左上角工作区中的Target 1，如图3.18所示。

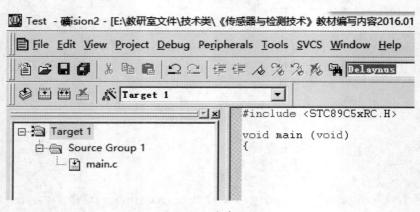

图 3.18 选中目标

请读者特别注意：必须选中顶层的 Target 1，选中之后变为蓝色，后续操作时才会出现正确的配置界面，否则会看不到后续的界面。

第二步：配置输出。点击 Project 按钮，在弹出的下拉列表中选择 Options for Target 'Target 1'，如图 3.19 所示。

图 3.19　选中配置菜单

在出现的配置对话框中选择 Output 标签，如图 3.20 所示。

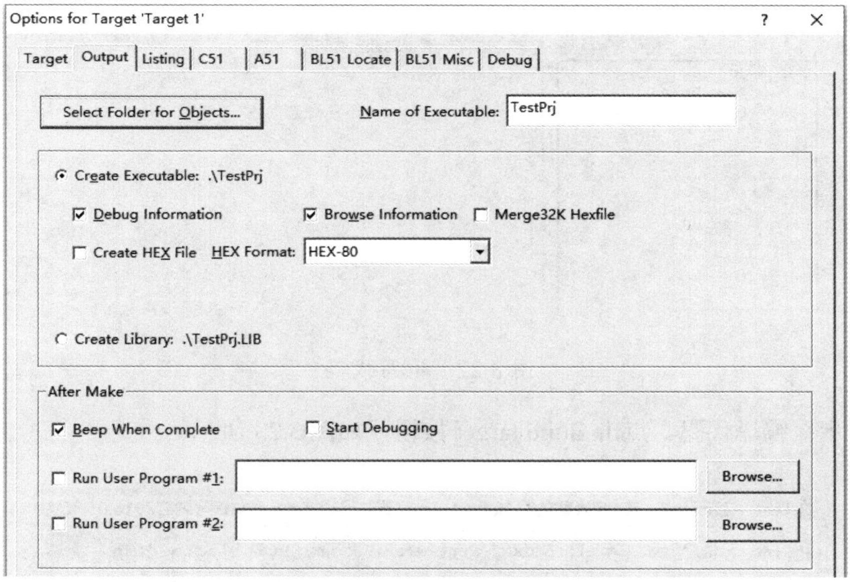

图 3.20　配置参数

勾选 Create HEX File 复选框，并在 Name of Executable 栏中填写希望的可执行文件名，如图 3.21 所示。

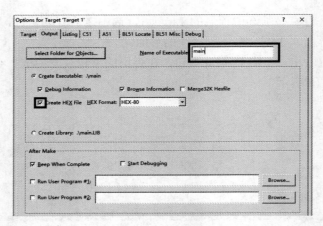

图 3.21 可执行文件输出配置与命名

配置完成后点击"确定"。

第三步：填写代码。填写需执行的程序代码。程序框架代码示例如图 3.22 所示。

图 3.22 填写代码

第四步：编译代码。点击 Build target 按钮，如图 3.23 所示。

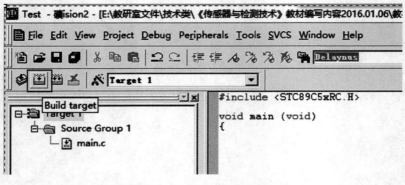

图 3.23 "编译"按钮

编译结果如图 3.24 所示。

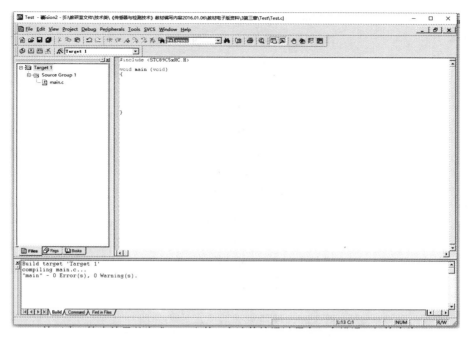

图 3.24　编译结果

第五步：检查结果并生成 HEX 文件。上述的编译过程有一个错误，经检查为文件名 stdio.h 输入有误，正确的文件名应为 stdio.h，修改后编译通过，如图 3.25 所示。

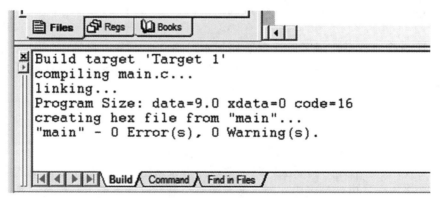

图 3.25　输出结果图

请读者注意观察软件底部的输出窗口，尤其注意最后两行。倒数第一行 "main" - 0 Error(s) , 0 Warning(s). 表示本程序没有错误，没有警告。倒数第二行 creating hex file from "main"…表示从 main 创建了一个 HEX 文件。这个 HEX 文件就是我们最终需要的可执行代码。

请读者特别注意：该文件在本例中的路径为 D:\TestNewPro，如图 3.26 所示。

图 3.26　编译成功后生成的文件图

由图 3.26 可见，在编译过程中产生了很多文件。在后续章节中我们会陆续介绍如何将这些输出文件进行分类，以避免杂乱无章。

3.3　计算机语言与算法的配合

在本章的第一节中介绍了设计算法的基本思路，在本节中将使用一个常用的例子来说明实际工程应用中算法与语言如何配合使用，并对这个例子进行详细且完整的分析与实现。

3.3.1　问题提出

思考：如何利用单片机主控板控制一个发光 LED 灯连续闪烁？

我们可使用 3.1 节介绍的算法思路来尝试分析该问题。虽然是个很简单的问题，但是对于初学者而言，仍然如同告知他"请完成一个航空订票系统"一样令其难以理解。那么，这里就有几个问题有待分析，分析清楚以下问题对软件系统设计者而言基本上是掌握了开门的钥匙。

问题 1：程序设计者需要考虑硬件吗？如果需要，应考虑硬件的什么内容？

这个问题归结为：硬件到底有哪些部分是与软件有关的？可以这样理解，对于软件设计者而言，硬件已经做好了，他只需要设计软件即可。

例如，计算机已经设计好了，软件人员只需要做软件开发，然后在计算机上运行即可。但是软件设计人员必须知道需要耗费多少内存，需要了解如何进行系统调用，而这些都是硬件的特性。即软件设计人员只需要考虑硬件有哪些特性与其编程相关即可。

对于本例，单片机主控板已经做好了，LED 已经连接好了，这是不需考虑的硬件部分。那么需要考虑什么？为了让 LED 闪烁，LED 应连接到主控板上的什么位置呢？还有，如何操作 LED 呢？

综上所述，程序设计者需要考虑硬件。需要考虑硬件上与软件编程有关的部分。对于本例，程序设计者需要考虑 LED 连接到主控板上的具体位置，并要了解如何通过这个"具体位置"操作 LED。

问题 2：软件如何做？

这个问题归结为：算法应该怎么写？这个问题将在 3.3.2 节"算法设计与程序设计"中回答。

问题 3：程序设计者需要做什么？

这个问题归结为：如何搭建环境并写出合适的代码？假定我们知道问题 1 与问题 2 的答案，大多数情况下问题 3 是不用考虑的，这里仅做必要的说明。

程序设计者通常在明确了硬件需要考虑的内容与算法设计之后，只需要完成搭建工作环境（集成开发环境 IDE）、建立工程（选择对应的芯片型号）、添加程序文件、配置工程、编写代码并编译、生成可执行文件、将可执行文件下载到硬件运行等操作。

综上所述，所有需要软件设计者考虑的问题已经非常清楚了，那么下面就可以进行具体的算法分析。

3.3.2　算法设计与程序设计

在上一小节的问题 2 中，提出了软件需要如何做的问题，这里需要做的就是软件的流程，考虑硬件的连接，假定单片机主控板硬件采用 P0.0 引脚来连接 LED，具体连接电路如图 3.27 所示。

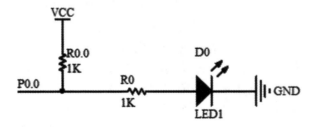

图 3.27　LED 与单片机 P0.0 引脚连接图

此算法设计有几个问题需要考虑：

（1）LED 的响应时间和速度如何？

通过查阅资料了解到：LED 点亮与熄灭所延迟的时间称为响应时间，通常为 $10^{-6} \sim 10^{-7}$s。可见点亮与熄灭延迟的时间很短。

（2）如何操作 LED？

由图 3.27 可知，操作 LED 实际上就是操作单片机引脚 P0.0。

（3）达到 LED 闪烁的目标流程是什么？

由于 LED 闪烁的转换期都是有时间延时的（$10^{-6} \sim 10^{-7}$s 虽然很小，但是仍然存在响应时间的问题，这个问题将转换为反应时间），所以必须考虑到延时的问题。

综上所述，关键算法如下：

算法 3.6　LED 闪烁控制算法

第一步：在 P0.0 线上点亮 LED
第二步：延时
第三步：在 P0.0 线上熄灭 LED
第四步：延时
第五步：跳转到第一步

这个算法是否能使用？我们可以模拟一下。

步骤一：使用 P0.0 线发送"1"，由图 3.27 中的电路连接可知，"1"为高电平，点亮 LED。

步骤二：延时。问题是延时可不可以不需要？显然不可以。这是由于延时后面紧接着为第三步，即关闭 LED。注意，单片机也是一个处理器，它的速度对于 LED 而言太快了，所以在第一步与第二步之间的时间间隔不够的情况下，我们可以理解为：LED 灯都还没来得及亮就灭掉了，所以延时是必须的。那么需要延时多长时间呢？这个就需要精确计算了。为了简化问题，可以采用"试试看"的办法，比如：直接循环1000 次，如果在观察实际效果时觉得延时不够，可以再把循环改成 10000 次，那么以10 倍的速度差异很容易看到。

步骤三：使用 P0.0 线发送"0"，则由图 3.27 电路连接图可知，"0"为低电平，关闭 LED。

步骤四：延时。道理同步骤二，单片机也是一个处理器，其速度对于 LED 而言太快了，LED 灯都还没来得及灭就亮了，所以这一步的延时也是必须的。

步骤五：跳转到步骤一。初学者可能会认为很奇怪，亮灭已经实现了，为什么还要跳转到步骤一？显然，我们的目标是要实现 LED 灯的连续闪烁，注意是连续闪烁，而不是先亮一下然后灭一下就结束了。所以这个亮灭的过程要不断地重复，那么视觉上的效果就是灯在不停地闪烁。还有一个问题："跳转到步骤一"或者是"跳转到第一步"的说法在翻译算法比较熟练的情况下通常只用一种语句就能对应，即 GOTO 语句，但绝大多数教材推荐不要使用 GOTO 语句，原因是害怕程序流程错乱，虽然此处完全允许编写合适的 GOTO 语句，但是仍然推荐初学者不要使用 GOTO 语句。因此，这里的算法要做一点小改进。考虑到步骤五直接跳转到步骤一，显然是一个无限循环的过程，故可以考虑闪烁的过程是在"无限循环中做"的事情。

综合上述分析，我们修改的最终算法如下：

算法 3.7　控制 LED 闪烁的最终算法

```
第一步：在无限循环中做
        第 1.1 步　在 P0.0 线上点亮 LED
        第 1.2 步　延时
        第 1.3 步　在 P0.0 线上熄灭 LED
        第 1.4 步　延时
```

经过上述的分析，则可以将最终算法翻译成 C 语言代码。对应翻译如下：

程序 3.1　最终算法的对应翻译

第一步：在无限循环中做	while(1)

第 1.1 步　在 P0.0 线上点亮 LED
第 1.2 步　延时
第 1.3 步　在 P0.0 线上熄灭 LED
第 1.4 步　延时
	{
	　P00 = 1;
	　delay (time);
	　P00 = 0;
	　delay (time);
	}

上述代码翻译的是核心算法，整个程序还需要全部补充完整。下面就给出最终翻译完整的 C 语言源程序。

程序 3.2　完整的 C 语言源程序

```
#include<reg52.h>        //注意：单片机 C 编程中头文件名为 reg52.h
sbit P00 = P0^0;         //sbit 是单片机 C 编程的扩展关键字，这一句的意思是：单片机的//P0.0
                         口在程序中的名字是 P00
void delay (int time);   //声明了一个延时函数，注意：这里没有写全函数的内容，但是
                         //只要声明了（说明了），后面可以再补全。
void main (void)
{
    int time = 1000;     //定义了一个变量，值是 1000
    while(1)             //在无限循环中做
    {
        P00 = 1;         //在 P0.0 线上点亮 LED
        delay (time);    //延时
        P00 = 0;         //在 P0.0 线上熄灭 LED
        delay (time);    //延时
    }
}
void delay (int time)   //这里是延时函数的定义，上面没有补全延时函数的内容，这里
{                        补上
    int i;
    for (i=0 ; i<time; i++);
}
```

最终，我们使用算法翻译代码的方式完成了整个软件的设计，下一节将介绍如何将这些内容付诸实践。

3.4 　C 程序设计语言与单片机

在上两节中分别介绍了集成开发环境与一个实际的工程例子，在本节中将上述两个内容予以结合，实现该 LED 灯控制的例子，并使读者初步体会设计与实现的关系。

3.4.1 　使用 C 语言控制单片机

使用 C 语言控制单片机实际上就是单片机与 C 语言的关系。目前，国产较为流行的 51 内核单片机是 STC12C5A60S2。实际上，单片机通常是使用 C 语言所编写的程序来控制的，更确切地说，是使用 C 语言编写程序→生成可以在单片机上运行的可执行二进制代码→下载到单片机→单片机上运行该代码。本节延续上一节的内容，首先建立工程，完成代码编译，然后生成可以在单片机上运行的 HEX 代码。注意该代码虽为 HEX 文件（十六进制文件），但事实上是二进制可执行代码的十六进制表示形式，本质上还是二进制代码。

（1）新建文件夹。

在 D 盘新建一个工程文件夹，命名为 LedTest，如图 3.28 所示。

图 3.28　新建 LedTest 文件夹

（2）新建工程。

启动 Keil2 软件，点击 Project—New Project。在弹出的对话框中找到 D:\ LedTest 文件夹，并在"文件名"文本框中输入工程名 TestLed，如图 3.29 所示，然后点击"保存"。

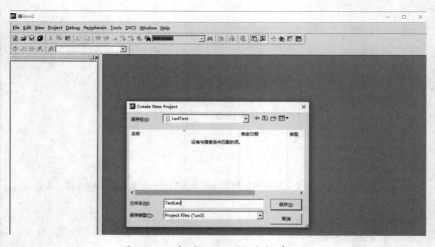

图 3.29　启动 Keil2 软件新建工程

（3）选择芯片型号。

在弹出的"芯片选择"对话框中选择 Atmel—AT89C52，如图 3.39 所示，然后点击"确定"。

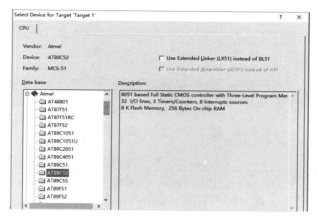

图 3.30　芯片选择

（4）新建 C 文件。

点击 File—New，弹出文本编辑窗口，如图 3.31 所示。

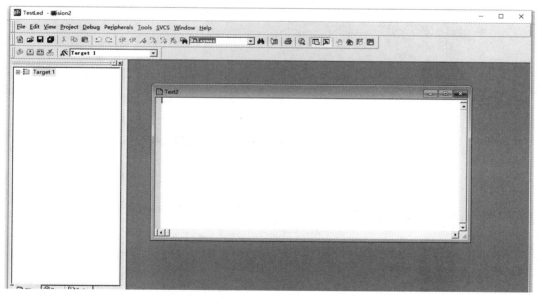

图 3.31　文本编辑窗口

点击 File—Save（或是按下键盘上的 Ctrl+S 组合键），在弹出的"保存"对话框中的"文件名"输入框中输入 TestLed.c，如图 3.32 所示，然后点击"保存"。

图 3.32　输入文件名

（5）添加文件。

点击左边工作区中 Target 1 旁边的加号，在弹出的 Source Group 1 上点击右键添加刚刚命名的 TestLed.c 文件到工程，如图 3.33 所示。

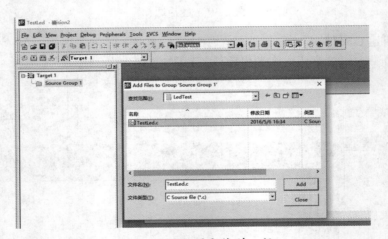

图 3.33　添加源文件到工程

> 📢 注意
>
> 点击完 Add 按钮之后点击 Close 按钮，或者是直接点击"关闭"按钮关闭这个对话框。

（6）配置工程。

首先单击左边工作区中的 Target 1，则其变成蓝色；然后点击 Project，在弹出的下拉列表中选择 Options for Target 'Target 1'，弹出配置框，如图 3.34 所示。

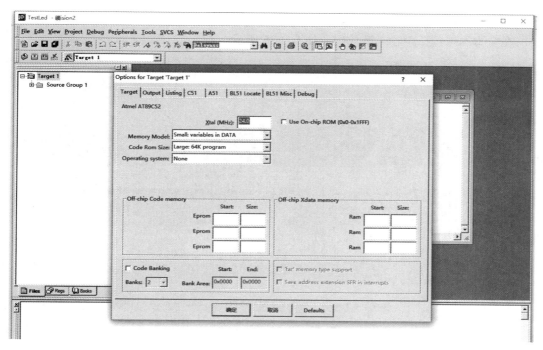

图 3.34　配置框

勾选 Create HEX File 复选框，并在 Name of Executable 栏中填写希望的可执行文件名，如图 3.35 所示，然后点击"确定"。

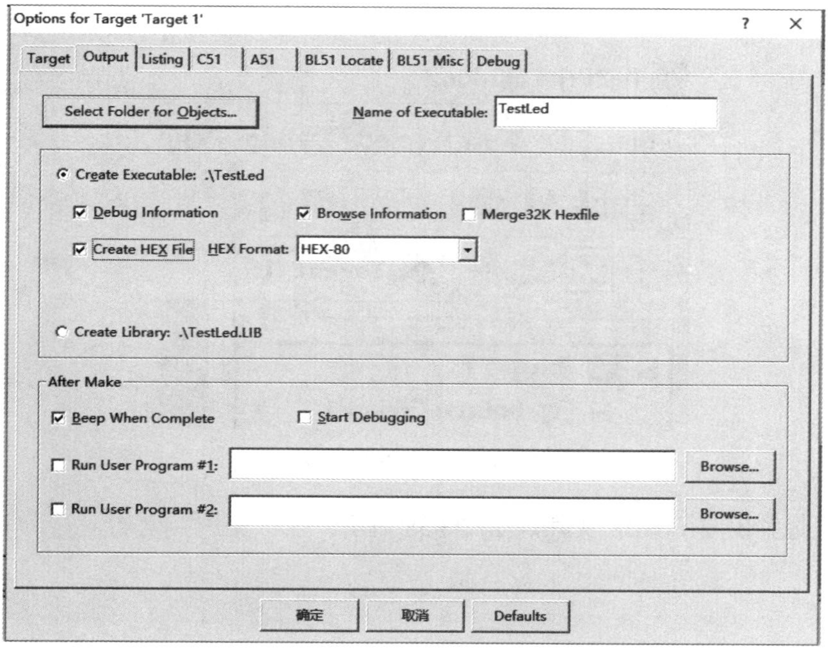

图 3.35　可执行文件输出配置与命名

（7）输入源代码、编译代码、生成 HEX 文件。

在文本编辑窗口中输入源代码，如图 3.36 所示。

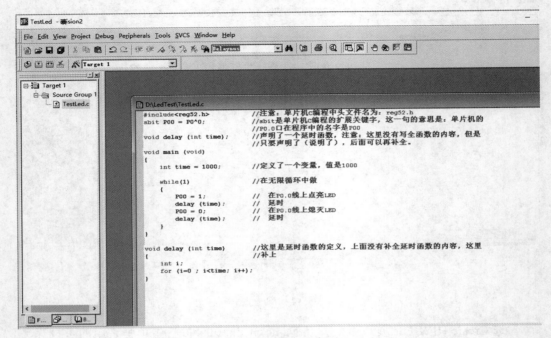

图 3.36　输入源代码

然后点击"编译"按钮，如图 3.37 所示。

图 3.37　"编译"按钮

编译通过并生成了 HEX 文件，如图 3.38 所示。

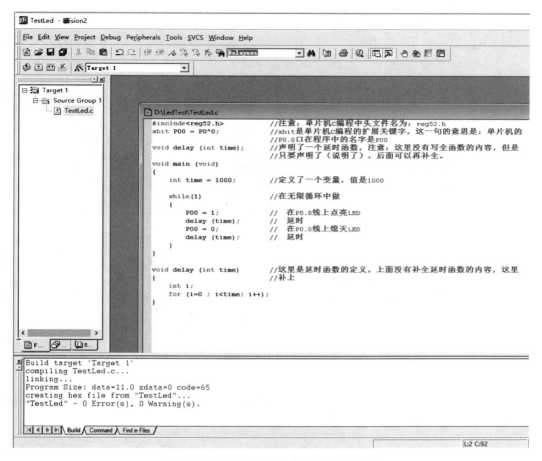

图 3.38　编译通过与生成 HEX 文件

注意图 3.38 中输出框（Build 框）的倒数第一行 "TestLed" - 0 Error(s), 0 Warning(s).
表示本程序没有错误，没有警告。倒数第二行 creating hex file from "TestLed"... 表示从
TestLed 创建了一个 HEX 文件，这个 HEX 文件就是我们最终需要的可执行代码。

至此，工程建立→源代码编译→可执行代码 HEX 文件生成全过程已经操作完毕。
下一小节就来简述如何下载该 HEX 文件到单片机主控板。

3.4.2　使用 ISP 下载软件

从 Keil2 中生成的 HEX 文件需要使用 ISP 软件下载到单片机上运行。本书默认
使用 STC89C52RC 单片机。使用的下载软件 ISP 的版本为：stc-isp-15xx-v6.63。下载
HEX 文件到单片机主控板遵循如下流程：

（1）连接 5V 直流电源到开发板并关闭开发板电源。

（2）连接串口线（RS232 线）到开发板，串口线的另外一端连接到计算机的 COM1
串口。注意：COM1 串口在台式机的鼠标插口下面，近几年的笔记本没有串口，只能
使用转接线来完成此操作。

（3）启动 ISP 软件，即点击 stc-isp-15xx-v6.63.exe 图标，如图 3.39 所示。

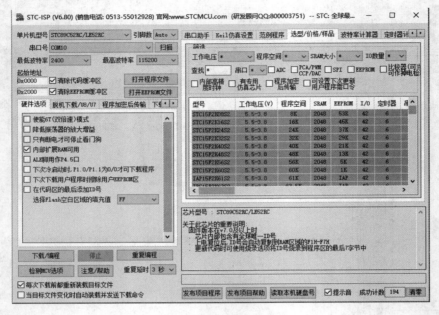

图 3.39　启动 ISP 软件

（4）在"单片机型号"下拉列表中选择 STC89C52RC 单片机。

（5）点击"打开程序文件"按钮，找到 D:\LedTest 目录下 TestLed.hex 文件，如图 3.40 所示，点击"打开"。

图 3.40　打开 TestLed.hex 文件

（6）点击"下载 / 编程"按钮，如图 3.41 所示。

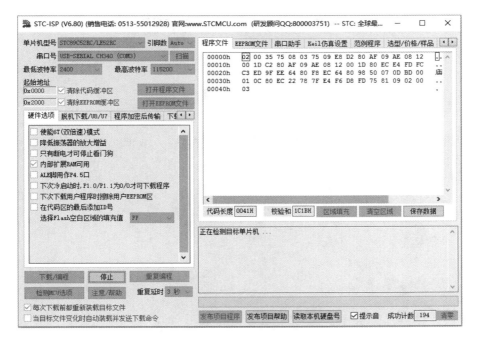

图 3.41　下载 HEX 文件到单片机

（7）打开单片机主控板电源，等待下载完成。

至此，下载 HEX 文件的过程已经全部演示完毕，读者可以看到最终的效果。

3.5　本章小结

本章详细讲述了算法设计与实现、工程创建、可执行代码下载等全部过程。下面对本章的内容进行总结。

3.1 节重点描述了如何开发一个算法，尤其强调了算法的重要性。在这一节，希望读者能够对算法的设计有个基本的思路，并掌握算法实际上是可以直接转化为程序流程这一事实。

3.2 节重点介绍了基于单片机的嵌入式开发软件环境的搭建，由于这一部分在后续章节中每次都要用到，因此需要重点掌握。读者只需按照步骤操作三遍以上，就能完全掌握环境搭建的流程和方法。

3.3 节通过一个典型实例来说明算法的设计与程序的实现，并使用 3.2 节介绍的工程搭建流程建立了一个完整的工程，并生成了需要的可执行代码。

3.4 节则同 3.2 节一样给出了标准流程，只需依照流程操作几遍，即可掌握可执行代码下载到开发板的方法。

　　本章重点介绍了算法思路到嵌入式处理器上的软件实现，下一章将在本章的基础上开始进入标准嵌入式工程化过程，我们引入了项目规范法则来完善整个项目，使读者不至于学完之后就很快忘记，并且帮助读者对嵌入式开发逐渐入门。

【项目实施】

　　E3.1 编译软件 Keil 环境配置与 STC-ISP 软件的用法：编译、下载、运行

　　E3.2 使用 C 语言控制单片机实现 LED 灯闪烁

第4章
模拟测控系统

　　传感器与综合控制系统的关键有两点：一是前端感知的传感器部分，二是控制系统部分。目前，对于控制系统部分的主要开发方法是使用计算机语言对底层系统进行控制，常用的是 C 语言。

　　本章的目标是通过使用 C 语言对一个简单的模拟测控系统进行控制，并将其作为一个简单的嵌入式系统项目，使读者初步了解计算机语言与硬件合作进行系统开发的初步过程。

本章需要掌握的要点如下：
- ✓ 嵌入式系统开发的简单项目规范
- ✓ 简单模拟测控系统的硬件连接
- ✓ 使用 C 语言来控制一个简单的模拟测控系统
- ✓ 嵌入式系统中 C 语言的初步使用

本章需要了解的要点如下：
- ✓ 嵌入式系统开发的简单项目规范
- ✓ 模拟测控系统的 C 语言控制

4.1　嵌入式系统项目规范

本书的项目规范更多地是指文档性的内容与一些要求，对项目的管理规范不做过多评价。在一个嵌入式系统开发过程中，项目规范是非常重要的内容。项目规范大体类似于系统开发、软件开发的项目规范，但是增加了嵌入式系统的一些特点。一般而言，这类系统开发均需要经过需求分析、系统分析、系统设计、系统实现、系统测试与方式运行、系统评估等几个典型阶段。考虑到目前嵌入式与物联网行业的专业分工程度与专科层次学生的特点，这里我们给出一些经过修改后的项目规范，使其更加符合目前的行业细分情况，以供读者参考。

4.1.1　嵌入式系统项目规范简介

嵌入式系统项目规范以一个系统开发的全过程为主要线索，在此过程中形成的需求文档、设计图纸、软件算法文档、源代码、可运行文件、连线说明、使用说明、讲解文件等一系列文件。一个典型的小型项目规范文档包内容如图 4.1 所示。

名称

1：系统需求分析阶段
2：系统需求建模阶段
3：系统需求描述阶段
4：需求、环境与实施的候选方案评估阶段
5：系统设计阶段
6：设计方法阶段
7：数据库设计阶段
8：用户界面设计阶段
9：系统界面、控制和安全设计阶段
10：系统可操作化优化阶段
11：系统试运行阶段
12：其他有关文档：会议记录、维护记录、更新版本记录

图 4.1　小型项目规范文档包

这里我们提到的项目规范不是绝对的，仅为参考意见。本书将这种规范作为后续章节中每个小任务的项目规范。

在实际嵌入式系统开发的过程当中，项目规范依照各个公司的规定而有所区别，但是不能没有规范。举个典型的例子：某嵌入式工程师为甲公司完成了某个项目中的一部分，后因某种原因离职，该公司又招聘了一名工程师，新来的工程师如果要继续开发原项目则需要查阅原来工程师留下的资料，如果资料混乱或是缺失则会严重影响该项目的进度，更严重的情况是原来的工作可能需要推翻重来。因此项目规范对系统

的进度、质量等方面起到了保证作用。

4.1.2　嵌入式系统项目规范说明

嵌入式系统设计规范区别于其他设计规范的要点在于设计目标，这是由于嵌入式系统设计时是软硬件结合并且使用条件受限造成的。本章定义的设计规范包含 10 类文件，并且在后续章节中均使用这种规范。下面就对这种规范以及相关的文件作简要的描述。

（1）问题描述文档（需求分析文档或任务发布文档）：实际上应该是需求分析文档，这份文档通常由系统研发人员陪同销售人员通过与客户沟通完成。在很多正规的大型公司，前期需求分析由专业的需求分析人员完成。问题描述文档在一般具有研发能力的公司中通常为规范的需求分析文档，无论是软件公司还是硬件公司，都应该有某个项目的完整的需求分析文档。

 说明

> 本书中的问题描述文档由教师编辑并直接发布作为项目任务使用。

（2）系统分析文档：为对需求分析文档中要求功能的详细分析，并对完成需求分析所要求的功能进行系统分析，描述系统应该完成到什么样。具体地说就是在嵌入式系统开发中，硬件和软件应该达到什么功能，这两点必须在系统分析文档中进行清晰地描述。

（3）硬件原理图文档：硬件原理图是对经过系统分析之后提炼出来的硬件功能进行的设计工作，这部分必须保证硬件功能能够完全实现，并且在保证成本大体不变的前提下，还需要有一定的扩展能力以满足未来的某些隐含功能上的要求。

（4）硬件 PCB 文档：实现硬件设计的电路制版文件。PCB 文档主要考虑电路板的机械结构、元器件布局、电路的布线、接口的易用性以及 EMC（电器兼容性）设计等有关内容，并最终送到工厂进行实物制版。制作好的电路板还需要进行元器件焊接与初步测试等有关工作。

（5）软件算法设计文档：在大型项目中为软件系统分析文档，由于本书主要考虑小模块设计，因此这个文档就是算法设计文档。算法设计文档的主要作用是分析软件功能，指导软件实现该功能并且符合计算机解决的步骤顺序。

（6）软件源代码：对应软件算法设计文档的实现部分，在嵌入式系统中，这个源代码通常是在硬件基本没有问题的前提下进行逐步调试的，最终确保功能满足要求且软件系统运行正常的前提下所对应的源代码。

（7）系统硬件连接图文档：该文档通常是一张连线图，并附有连线说明。该文档的作用是让后续接手工作的人员快速对硬件进行连线，并测试其基本工作状态用，属于研发文档的一种。

（8）系统测试文档：系统测试文档分为硬件测试文档和软件测试文档两个部分。硬件测试文档主要强调从制版开始到焊接结束的全部测试内容，主要强调测试硬件是否存在某些显著的设计故障，如短路、断路、虚焊等问题。软件测试文档，是对于嵌入式系统而言的软件设计，即通过何种测试用例来测试软件的基本功能、性能等指标的文档记录。

（9）使用说明书：对于设计与实现的嵌入式系统，需要对其使用方法进行描述，本文档起到了使用说明的作用。

（10）讲解PPT：很多公司不是特别重视讲解PPT类文档。但是这类文档在设计思想、设计方法、技术交流以及用户培训等过程中是必不可少的。

4.2　模拟测控系统简介

测量与控制系统是工业控制领域中常用的自动化系统。对于嵌入式与物联网领域而言，基本上处处都会用到测量与控制。考虑到系统的复杂性，本章给出一个最简单、最基本的模拟测控系统，让读者初步了解最简单的测控概念。

模拟测控系统基于一个以51单片机为核心的主控板，目标要求相对简单，用户只需能够给出信号输入，并能够使用C语言控制输出即可。

（1）测控系统目标与功能描述

输入：

该系统能够通过单片机的某个引脚接受一个外部输入信号，输入信号为高电平或是低电平。当输入信号是高电平时表示为逻辑"1"，当输入信号是低电平时表示为逻辑"0"。

输出：

输出的目标是控制核心板上LED灯的亮灭。输出依赖于输入，如果输入信号为逻辑"1"时，则程序控制LED灯亮；如果输入信号为逻辑"0"时，则程序控制LED灯灭。

（2）测控系统基本架构

本书使用的硬件基于eSo-Simple-CoreV4.0版本，实际上为一个单片机的最小系统，该系统的优势为在PCB板上预留了众多的模块位置，便于安装自行设计的外接模块。测控系统的基本架构如图4.2所示。

在图4.2中，我们采用的基本思路为：在单片机的某个I/O引脚上连接一个电阻，电阻的另外一端连接到V（VCC，表示+5V电源）或是连接到G（GND，表示地线）。这样在该I/O口上就能够接收到高电位与低电位，当我们将电阻B端的线连接到V引脚，则此时I/O口上收到高电平"1"；当电阻B端连接到G引脚，则此时I/O口上收到低电平"0"。这种方式等同于给单片机系统发送了外部信号，则可以给单片机编程接收该信号，并根据收到的信号控制单片机核心板上的LED发光二极管的亮灭。

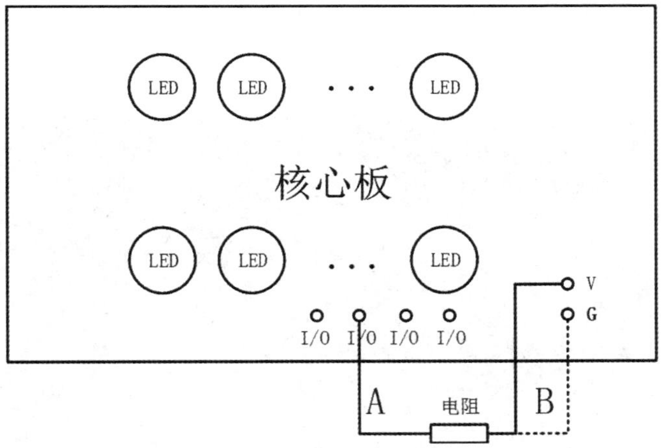

图 4.2　模拟测控系统的基本架构

4.3　硬件连接

核心系统只是一个基本的单片机最小系统，要实现模拟测控系统则需要搭接简单的外部电路。在完成模拟测控系统的外接电路的基础上完成整个模拟测控系统的搭建过程。在后续章节中的电路模块均采用类似的方式来实现。一般硬件连接遵循三个步骤。

第一步：搭建基本的硬件工作环境。

第二步：进行基础硬件模块的测试。

第三步：进行模块连接与测试。

下面就使用模拟测控系统这个例子来对上述三个步骤进行详细的讲解，并希望初学者遵照这个步骤进行演练，以初步了解开发过程。

（1）硬件工作环境的搭建

嵌入式系统工作环境的搭建主要是为满足后续工作中需要的设备、工具、耗材等而准备的工作环境和实验条件。 本次实验需要搭建的硬件工作环境主要包括材料的准备、设备的连接、设备的使用等工作。需要准备的工具、设备有：万用表、电烙铁、焊锡丝、剥线钳、尖嘴钳、镊子、0.3mm 实心线、杜邦线，1K 电阻一个，万能板（或面包板），两挡位开关一个。

（2）基础硬件模块的测试

基础硬件模块测试主要是测试核心板与外部信号产生模块。核心板的测试方法比较简单，仅仅使用 ISP 软件进行下载即可以初步确定其工作是否正常（当然还可能产生其他更深层次的问题，这里可以下载代码到核心板上的芯片，表示其至少勉强可以用）。测试核心板的工作状态是否正常，参照 3.4.2 节的 ISP 软件下载方法来验证。外部信号产生模块的测试相对复杂，但是总体也比较简单。

第一步：焊接外部信号产生模块（目前暂时使用这个不是很贴切的称呼）。

第二步：将该模块连接到核心板上，如图 4.3 所示。

图 4.3　外部信号产生模块焊接图

第三步：将模块的另外一个信号端连接到地线上，可以看到 P0.0 口对应的 LED 亮，如图 4.4 所示。

图 4.4　测试 "0" 信号

第四步：将该信号端从地线上取下连接到电源线上，可以看到 P0.0 口对应的 LED 熄灭，如图 4.5 所示。

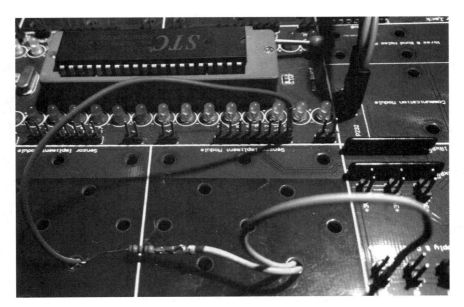

图 4.5　测试"1"信号

至此，外部信号产生模块测试完成，将信号端连接至地线并固定好。下面就可以开始后续的使用 C 语言对电路板进行控制的工作。

4.4　使用 C 语言进行程序设计

完成了硬件连接与测试的工作之后，就可以开始进行程序设计工作。这里的程序设计工作的目标是为了控制硬件，并进行外部信号产生模块的信号测量工作。进行 C 语言程序设计的基本流程参考第 3 章的方法，本章将仍然引导读者依照该过程逐步完成后续的工作。下面我们依照从分析到设计的过程来逐步完成 C 语言程序设计的工作。

第一步：对 C 语言程序设计的目标进行分析。采用 C 语言进行程序设计工作到底是为了做什么？搞清楚了这个问题，基本上就知道需要做什么事情了。

根据测控系统目标与功能的描述可知，该系统接收一个"1"信号，对应的 LED 灯亮；接收一个"0"信号，对应的 LED 灯灭。不过如何才能实现该功能呢？这就需要用到计算机 C 语言。C 语言在这里的作用就是控制电路板上的处理器去接收输入信号，然后让它去控制对应的 LED 灯的亮灭。

一句话总结：计算机语言在嵌入式系统中用于对硬件的控制，控制硬件依照设计者的目标去工作。这里我们采用 C 语言进行程序设计的作用是：使用 C 语言编程来控制单片机的核心板，使其能够采集外部输入的"0"和"1"信号，并能根据"0"或"1"信号来控制电路板上的 LED 灯的灭或亮。

第二步：了解如何采用 C 语言进行程序设计。弄清楚了这个问题，大体上就应该知道怎么做了。上面第一步已经说明了 C 语言的功能，这里需要分析如何进行程序设计。

程序设计的关键是需要整理出一个程序的基本流程。由于 4.2 节中已经讲述了测控系统的功能，那么基本的工作流程为：等待外部信号输入；如果有信号输入则判断是"0"还是"1"，如果是"0"，LED 亮，如果是"1"，LED 灭；重复此循环。在后面的小节中，我们会详细给出算法流程。

至此，大体的程序设计分析与算法分析已经让读者有了初步的印象，后面我们将通过演示建立工程到测试成功的全过程来一步一步完成这些任务。

4.4.1 建立工程

依照第 3 章的方法来建立工程，并逐步完成后续的任务。首先，选择一个盘建立一个文件夹用于保存工程文件。在 D 盘建立一个名为 TestCode4.4 的文件夹，可认为该文件夹表示"4.4 节的测试代码工程都放在这里"，如图 4.6 所示。

TestCode4.4

图 4.6　建立文件夹

然后启动 Keil2 软件，如图 4.7 所示。

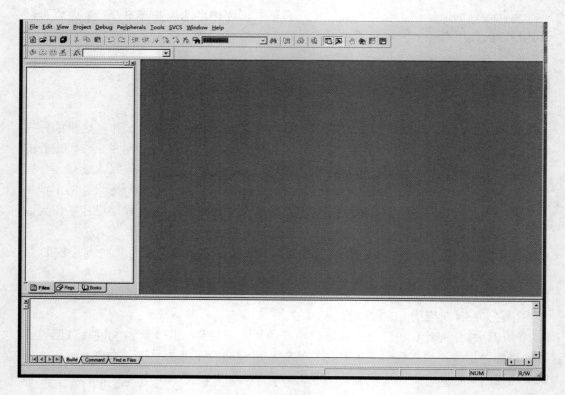

图 4.7　软件启动界面

启动软件之后，新建一个工程，如图 4.8 所示。

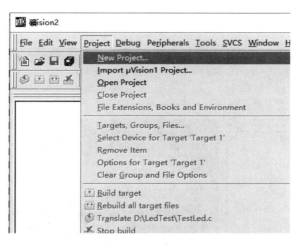

图 4.8　新建工程

新建的工程保存在刚刚建立的文件夹下，并且命名为 TestCtrl（文件名由自己确定），如图 4.9 所示。

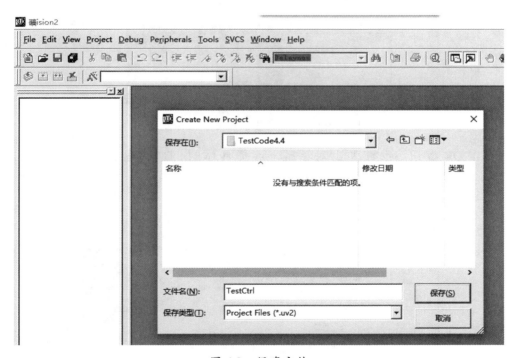

图 4.9　保存文件

选择对应的处理器的型号（注意：请依照第 3 章的操作，先使用 ISP 软件添加处理器型号到 Keil 软件，才能在建立工程之后显示国产 STC 处理器的选择界面），如图 4.10 所示。

注意图 4.10 中应该在下拉框中选择 STC MCU Database（STC 微控制器数据库，

是国产 STC 系列芯片中的某一系列芯片的型号），如图 4.11 所示。

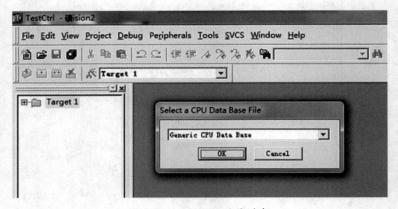

图 4.10　处理器型号选择

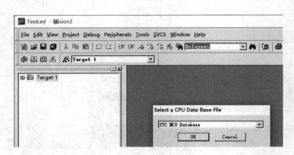

图 4.11　国产 STC 单片机数据库选择示意图

点击 OK 按钮，继续弹出对话框，选择具体的 STC 处理器，本文使用的是 STC89C52RC 处理器，如图 4.12 所示。

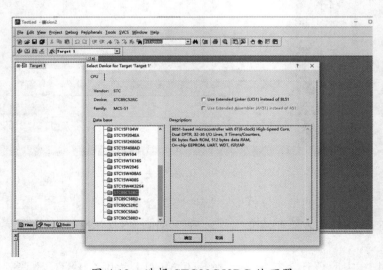

图 4.12　选择 STC89C52RC 处理器

　　然后点击"确定"，完成元件选择工作。选择好具体的元件之后，再新建一个C
语言源代码文件，点击File下面的"新建C文件"图标，如图4.13方框中的按钮所示，
也可以点击File—New新建。

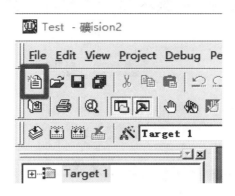

图4.13　"新建C文件"图标

新建文件之后的界面如图4.14所示。

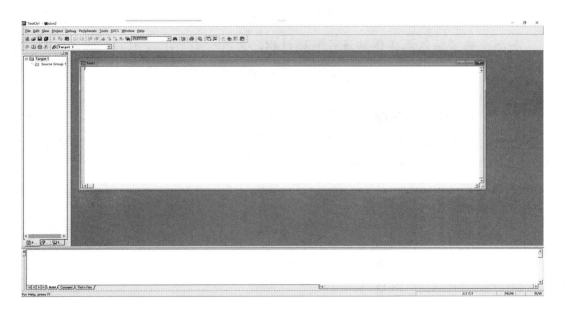

图4.14　新建C语言源代码文件界面

　　新建文件之后需要保存，保存操作可以使用按Ctrl+S组合键，也可以点击🔲图标，
还可以点击File—Save。保存文件命名可以自定义，但是原则上不要使用中文，这里命
名为Test.C，如图4.15所示。

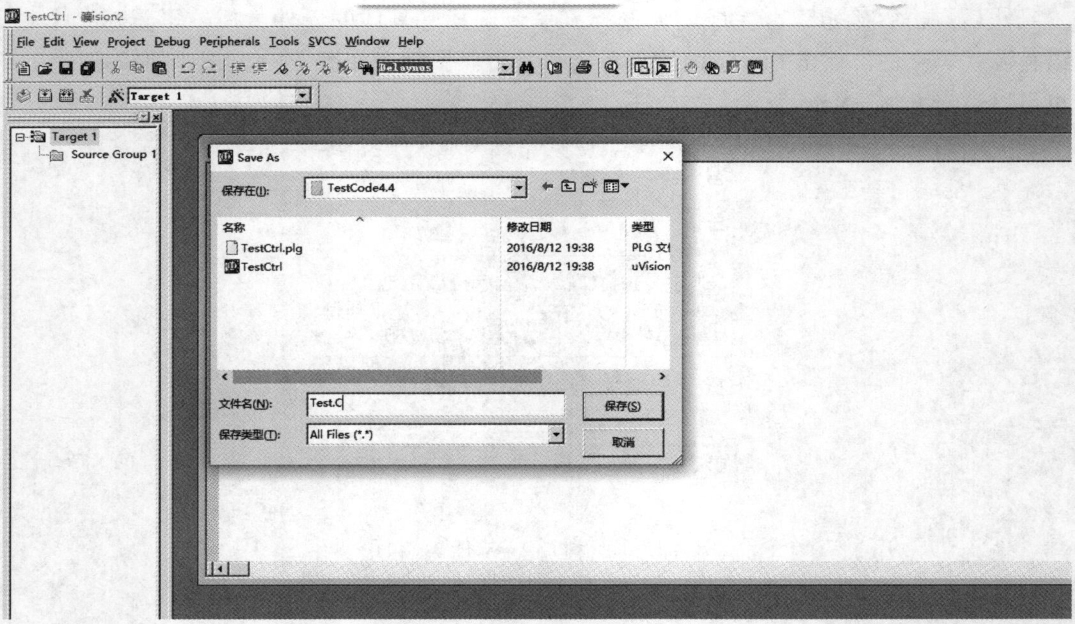

图 4.15　保存文件

　　下面就需要输入源代码并进行编译过程，在下一小节中介绍后续的代码编写工作。

4.4.2　算法分析与程序设计

　　本小节的目标是为了完成上一小节中的代码编写工作。编写代码首先需要对需求进行算法分析与程序设计，分析任务目标：

　　（1）获取外部测量结果。

　　（2）如果收到"1"启动 LED。

　　（3）如果收到"0"关闭 LED。

　　如果依照上述过程来完成该目标会存在一些问题，这是人类思维与计算机程序"思维"之间的差异造成的。一般人会这么考虑这个问题：

　　只要是收到"1"，LED 亮；

　　只要是收到"0"，LED 灭。

　　这种想法看似很正常，而且没有问题，但是实际上大多数人在思考问题时忽略了一个事实，那就是默认这个系统一直在做上面的事情。"一直在做……事情"，计算机如果要一直做这件事，则是需要使用循环来实现的。因此，上面的算法应该被改写为如下方式：

　　程序一直在完成如下任务：

　　获取外部测量结果。

　　如果收到"1"，启动 LED。

如果收到"0"，关闭 LED。

上述过程就是一个可能被计算机认可的算法思路，上述的算法最终需要改写为如下所示的程序。

算法 4.1　算法与算法的 C 程序翻译

```
程序一直在完成如下任务：
    获取外部测量结果
    如果收到"1"启动 LED
    如果收到"0"关闭 LED
```

```
while(1){
    result = getMesureResult();
    if (result == 1)   Led = 0;
    if (result == 0)   Led = 1;
}
```

显然会有读者问到关于"while(1) 是个死循环，教材上说不要写死循环"的经典问题。其实在嵌入式系统设计中会经常用到死循环，希望大家学会写这样的程序，而且在嵌入式系统软件中，while(1) 这种写法通常一个系统只写一次。完整的代码如下：

程序 4.1　最终参考代码

```c
#include <STC89C5xRC.H>          //如果你想通用，这里用#include<AT89C52.h>
sbit Result = P0^0               //表示外部开关信号连接到 P0.0 引脚上
sbit Led = P2^7;                 //表示控制 P2.7 引脚上连接的 LED 发光二极管

unsigned char getMesureResult (void)
{
    return Result?1:0;
}

void main (void)
{
    unsigned char result = 0xFF;    //这里的 result 变量可以是任意值，
                                    //只要不等于 0 或是 1 就行。

    while(1)
    {
        result = getMesureResult();
        if (result == 1)   Led = 0;
        if (result == 0)   Led = 1;
    }
}
```

整理出上述的基本代码之后，就可以将上述代码输入到 4.4.1 节中最后一步的代码输入框中，如图 4.16 所示。

```
#include <STC89C5xRC.H>              //如果你想通用，这里用#include<AT89C52.h>
sbit    Result  =   P0^0;           //表示外部开关信号连接到P0.0引脚上
sbit    Led     =   P2^7;           //表示控制P2.7引脚上连接的LED发光二极管

unsigned char getMesureResult (void)
{
    return Result?1:0;
}

void main (void)
{
    unsigned char result = 0xff;    //这里的result变量可以是任意值，
                                    //只要不等于 0 或是 1就行。
    while(1)
    {
        result = getMesureResult();
        if (result == 1)  Led = 0;
        if (result == 0)  Led = 1;
    }
}
```

图 4.16　代码输入到编辑器

　　注意，左边 Target1 下面的 Source Group1 为空，表示右边输入的代码文件 Test.c 文件还没有被加入到工程当中，故应当添加该文件到工程。选中 Source Group1，如图 4.17 所示。

图 4.17　选中 Source Group 1

　　在 Source Group1 上点击右键，选择 Add Files to Group 'Source Group 1' 命令，如图 4.18 所示。

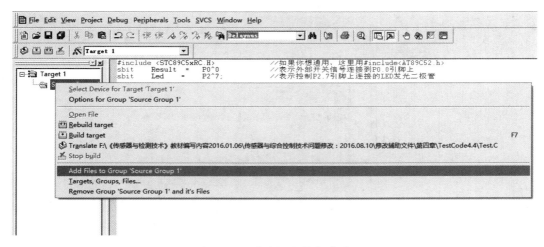

图 4.18 "添加文件"命令

在弹出的"添加文件"对话框中选择 Test.c 文件，并点击 Add，如图 4.19 所示。

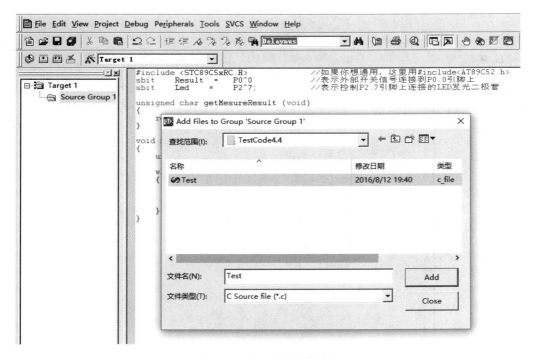

图 4.19 添加文件到工程

Source Group 1 下出现树形目录，则文件添加成功，如图 4.20 所示。

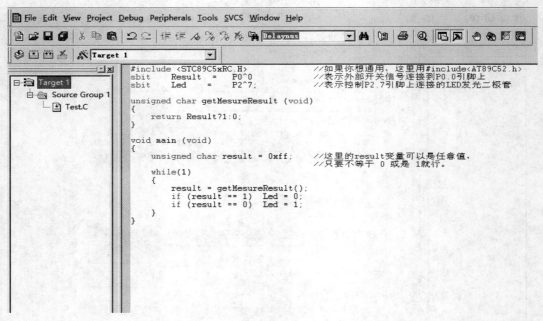

图 4.20　添加文件后 Source Group 1F 出现树形目录

点击 Close 关闭当前添加文件的对话框，然后就可以开始编译代码了。编译代码需要使用 ▦ 按钮，该按钮的作用是编译（实际上该按钮表示重编译全部文件）。编译完成之后的结果如图 4.21 所示。

图 4.21　编译结果图

图 4.21 中的最下面的输出提示框显示的是最重要的信息，错误也会在上面说明。如果出现错误，通常会指出错误在哪一行产生，以便于程序员对代码进行修改。本例已经修改了全部错误，所以读者只要依照上述步骤慢慢地一步一步操作，即可实现到本步骤。下一节中我们将说明如何进行产生下载文件的配置与固件下载等过程。

> **说明**
>
> 　　有些同学在编译时可能会出现报错，例如会报 STC89C5xRC.H 文件找不到等问题（实际上就是输出框中某一行出现了这个名称），请将语句 #include <STC89C5xRC.H> 修改成 #include<reg52.h>。这种错误是读者没有将 STC 公司的库文件导入到 Keil 中导致的，一旦读者使用 ISP 软件再次导入成功，则不再报错。

4.4.3　可执行文件下载与初步测试

　　完成代码设计之后，参照前一章节的知识进行代码编译与下载工作，并通过这种方式观察代码的执行效果。首先需要在 4.4.2 节的基础上对输出文件进行配置。

　　第一步：在 Target1 上单击右键，选择 Options for Target 'Target 1'，如图 4.22 所示。

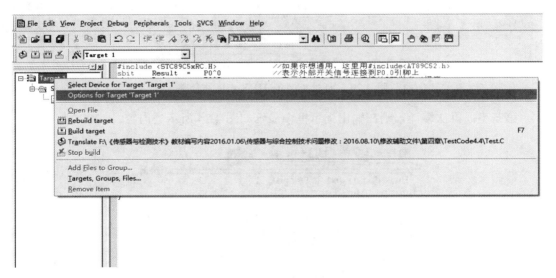

图 4.22　选择 Options for Target 'Target 1' 命令

　　第二步：在弹出的对话框中点击 Output 标签，并勾选 Create HEX File... 复选框，如图 4.23 所示，然后点击"确定"。

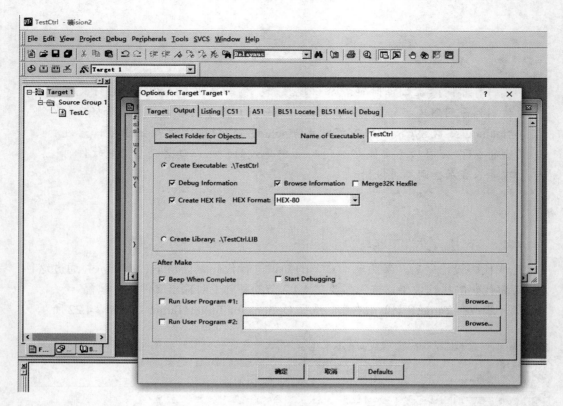

图 4.23　勾选 Create HEX File... 命令

第三步：再次编译，则在输出提示框中显示如图 4.24 所示的内容。

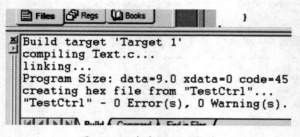

图 4.24　生成 HEX 文件

注意，图 4.24 中倒数第二行：creating hex file from "TestCtrl"...。这句话的意思是：创建了 TestCtrl.hex 文件。这个 HEX 文件就是需要下载到开发板上的固件。也就是说代码终于可以被开发板上的芯片执行了。

第四步：下载 TestCtrl.hex 文件到开发板。启动 ISP 软件，如图 4.25 所示。

图 4.25 中左上角第一行"单片机型号"需要选中 STC89C52RC 芯片，这是由于我们的开发板使用的是该芯片。然后单击"打开程序文件"命令，找到刚刚建立工程的文件夹，选中并打开 TestCtrl.hex 文件，如图 4.26 所示。

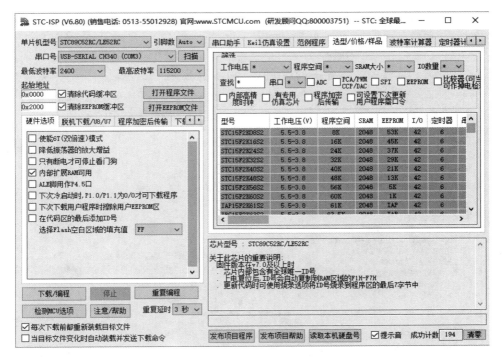

图 4.25　启动 ISP 软件

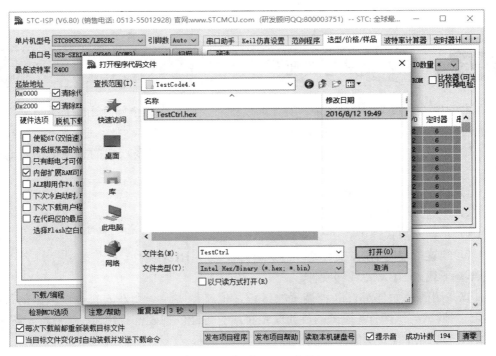

图 4.26　打开 HEX 文件

第五步：下载该固件到开发板。点击"下载／编程"按钮，关闭开发板电源，稍等一段时间，然后通电看到下载成功，如图 4.27 所示。

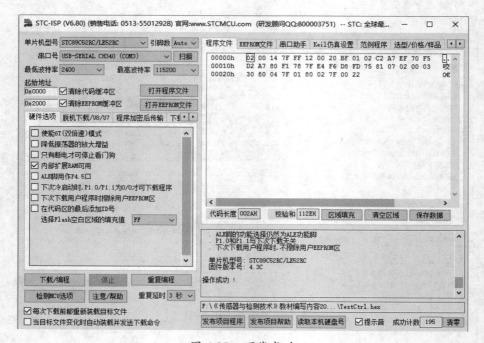

图 4.27　下载成功

4.5　联合调试与实现

在本例中，通过 4.2 节至 4.4 节的详细过程，介绍了将一个问题由编程到实际可以操作的过程。截至目前，我们完成了如下的任务：

（1）提出了一个模拟测控系统的应用问题，需要采用嵌入式的方法来解决这个问题。

（2）制作了硬件模块并连接好了硬件。

（3）建立了一个简单的工程。

（4）对输入源代码进行了分析并设计了源代码。

（5）配置工程的 HEX 文件输出并编译与生成了 HEX 文件。

（6）下载该 HEX 文件到硬件。

本节介绍的是如何进行联合调试的过程，也就是实现一个嵌入式系统应用的最后一个步骤：调试与试运行。调试的目的就是将所有可能的问题都找出来，然后逐一解决，最终使系统达到应有的功能与性能指标。

第一步：连接好电路，将测试信号连接到 GND 上（电路板上任意的 – 引脚处），此时电路板上 P2.7 引脚对应的 LED 发光二极管应当没有亮起，如图 4.28 所示。

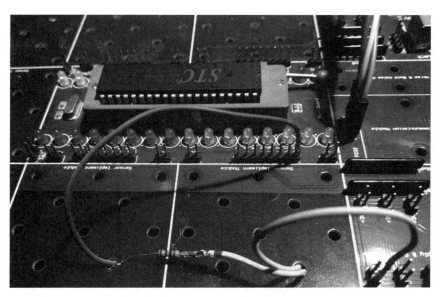

图 4.28 测试 "0" 信号

第二步：将测试信号线连接到 VCC 上（电路板上任意的 + 引脚处），此时电路板上 P2.7 引脚对应的 LED 发光二极管应当亮起，如图 4.29 所示。

图 4.29 测试 "1" 信号

第三步：反复重复上述的两个步骤，测试可靠性与成功率。

至此，联合调试部分已经全部完成。通过这个测试大致可以确认模拟测控系统的可用性。

4.6 本章小结

本章详细讲述了模拟测控系统的系统架构设计、算法设计与实现、工程创建、可执行代码下载等全部过程，下面对本章的内容进行总结。

4.1 节重点描述了嵌入式系统开发过程中的较为完整的系统开发规范，尤其强调的是文档的重要性。在这一节，希望读者能够对嵌入式系统规范，尤其是文档规范有大致的了解，并初步了解嵌入式系统规范中的文档部分实际上能够对后续的开发工作留出重要的参考资料。

4.2 节简要介绍了模拟测控系统与简单的模拟测控系统的系统分析，图 4.2 给出了一个模拟测控系统的基本连线架构，后续内容将以这个架构为指导实现模拟测控系统。

4.3 节依据 4.2 节的分析与介绍，通过实物连线的方式搭建了最简单的模拟测控系统，并且对模拟信号的输入进行了简要的测试工作。

4.4 节基于前述小节对模拟测控系统的分析，说明了算法的设计与程序的实现，并在前面章节所介绍的知识的基础上建立了完整的工程，编写代码并生成了需要的可执行代码文件，最后将文件下载到开发板上。

4.5 节则通过引入实际的外部信号测试下载到开发板上的代码，并验证了基本功能的可用性。

本章重点介绍了最简单的模拟测控系统的知识，读者通过对最简单的模拟测控系统进行实验与测试工作，了解代码编写与用软件控制硬件的基本流程，并且初步了解外部信号的采集方法。

【项目实施】

E4.1 设计与实现模拟测控系统

E4.2 提交全部项目资料

第5章
光电开关模块

　　光电开关模块是本书讲解的第一个简单外部信号输入模块，其工作原理、电路设计与实现，以及软件编写均很简单。通过对这个模块的学习，主要帮助大家逐渐建立起项目规范的概念，并初步了解外部开关信号的输入获取。本章的主要顺序为：第一，直接给出光电开关模块的项目规范，其中包含需要实现的具体功能；第二，使用计算机电路设计软件进行电路设计；第三，实际制造出该模块；第四，通过编写简单的代码来对该模块进行测试与使用。

　　本章需要掌握的要点如下：
- ✓　光电开关模块的电路设计
- ✓　光电开关模块的制作与测试
- ✓　使用 C 语言测量光电开关模块的输入信号

　　本章需要了解的要点如下：
- ✓　光电开关模块的简单原理
- ✓　光电开关模块的简单项目规范

5.1 光电开关模块与项目规范

5.1.1 光电开关模块的简单工作原理

光电开关模块主要用于测量工作，尤其是在现场测量中不适合使用直接测量的场合。例如，啤酒厂生产啤酒的时候，需要记录下流水线上的啤酒瓶数目。使用人工数数误差太大，使用电信号测量显然不方便，因为啤酒瓶太多，且都是在流水线上流动的。那么，是否有一种比较简单的办法来测量呢？这个时候使用光电开关就很合适了，一个典型的应用场景如图 5.1 所示。

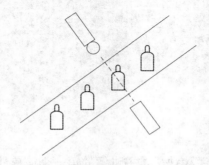

图 5.1　光电开关测量流水线啤酒瓶的个数

显然，发出端发出的光束如果在接收端能接收到，则表示没有啤酒瓶通过，不用计数。当啤酒瓶通过时，会挡住发出端发出的光束，此时接收端就接收不到了，则此时可以计数一次，表示数到了一个啤酒瓶。当然光电原理不仅仅只用于开关型传感器，其在无损检测、通信等众多的场合都有应用。

5.1.2 光电开关项目规范

[任务名称] 光电开关模块设计要求。

[目标简述] 完成光电开关模块的设计与实现。

[具体功能]

（1）自行设计光电开关模块的原理图与 PCB。

　　1）光电开关元件的原理图元件需要自行设计原理图库。

　　2）光电开关元件的 PCB 元件库需要自行设计元件封装库。

　　3）在 PCB 库设计的过程中，尤其要注意原理图库中的元件在封装库中能找到对应的封装。

　　4）原理图库中元件的参数应作简单地修改，以使元件名称、值等相关含义有意义。

（2）依照设计的 PCB 来焊接光电开关电路板，并测试该电路板硬件是否正常，光电开关模块信号线连接到 P0.0 口上。

（3）编写简单代码测试光电开关电路板，光电开关模块接收信号"0"，对应 P0 口的 LED 灯全灭；光电开关模块接收到信号"1"，对应的 P0 口的 LED 灯全亮；重复此步骤。

[说明] 电路焊接必须严格依照设计的 PCB 来进行，在画原理图时尽最大的可能把线连接到电路的底面。

[要求]

（1）必须写出算法文档（中文、伪代码均可）。

    [注意]

    1）主程序一个算法。

    2）每个子程序（函数）各自一个算法。

（2）必须画出程序流程图。

    [注意]

    1）主程序一个程序流程图。

    2）每个子程序（函数）各自一个程序流程图。

（3）源代码上交与注释规范。

    1）硬件测试文档，硬件测试文档上交文件名为：

        XXX 硬件测试文档 .DOC。

    2）必须给出软件代码测试的测试用例表格，软件代码测试文档上交文件名为：

        XXX 软件测试文档 .DOC。

    3）必须给出实体系统功能的功能说明书，功能说明书上交文件名为：

        XXX 功能说明书 .DOC。

    4）原理图、PCB 文档。原理图与 PCB 文档依照要求完成即可。

    5）本项目完成过程中的问题文档，上交文件名为：

        问题文档 .DOC。

    6）讲解 PPT，讲解 PPT 上交文件名为：

        模块项目讲解文件 .PPT。

    7）全部文档资料整理打包，文件名为：

        序号 _ 姓名 .rar。

        [注意] 序号 _ 姓名 .rar 打包文件目录列表：

        ① XXX 算法文档 .DOC。

        ② 程序流程图 .DOC。

        ③ XXX.C。

            [注意] 源代码需要达到如下要求：

            ● 源代码中最上面一行加一个注释，写上序号 _ 姓名。

            ● 源代码关键位置给出注释。

            ● 函数的开始处写上注释。

        ④ XXX 硬件测试文档 .DOC。

        ⑤ XXX 软件测试文档 .DOC。

⑥ XXX 功能说明书 .DOC。

⑦ 原理图与 PCB 文件。

⑧ 问题文档 .DOC。

⑨ 模块项目讲解文件 .PPT。

5.2 使用 DXP 软件设计光电开关模块

普通的光电开关基于光电原理，有两种工作状态："0"状态和"1"状态。工作方式非常简单，当没有外部信号触发时保持"1"状态，当有外部信号触发时变为"0"状态。依据此原理，则可以使用单片机的引脚去读取这些状态信号，根据读取数据的"0"或"1"来判断是否有外部信号触发情况的出现。下面就从原理图、PCB、焊接与测试等几个部分来逐步介绍光电开关模块的设计与实现。

5.2.1 原理图设计

设计原理图一般遵循的步骤为：新建工程、保存文件、放置元件、设置元件值、连线等。

首先，启动 Altium Designer DXP6.9 软件，新建一个工程。点击：File—New—Project—PCB Project，如图 5.2 所示。

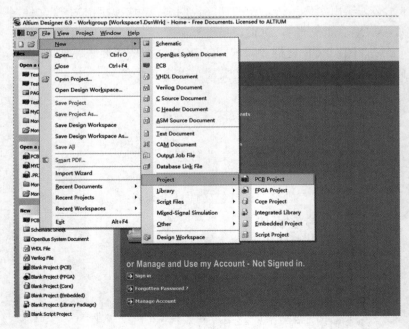

图 5.2　新建工程

然后新建原理图文件与 PCB 文件。点击 File—New—Schematic 新建原理图文件，如图 5.3 所示。

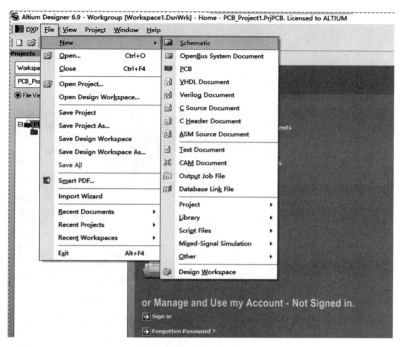

图 5.3　新建原理图文件

点击 File—New—PCB 新建 PCB 文件，如图 5.4 所示。

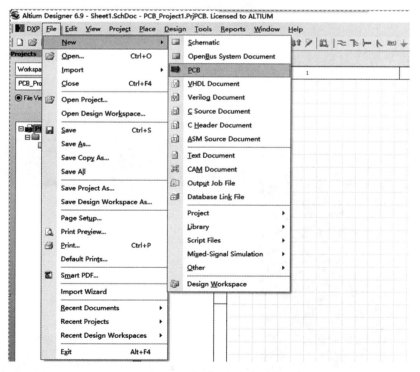

图 5.4　新建 PCB 文件

保存上述新建的三个文件，选择 File—Save—All 命令，保存三个新建的文件，如图 5.5 所示。

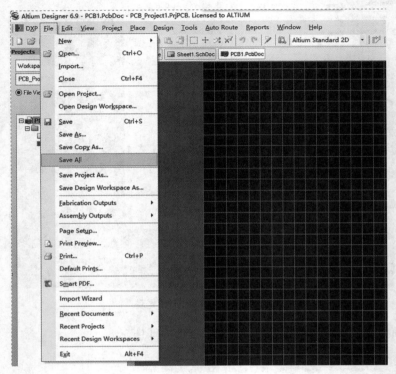

图 5.5　"保存全部文件"命令

保存的第一个文件是 PCB 文件，后缀名为 .PcbDoc，如图 5.6 所示。对保存的文件需要命名，这里命名为 Photoelectric sensor，文件名可以任意修改。

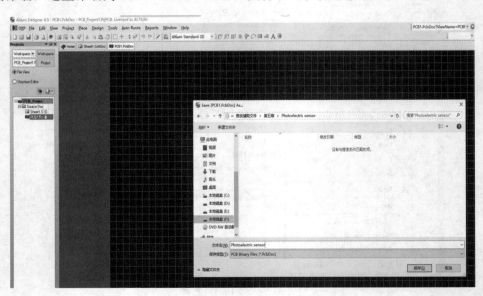

图 5.6　保存 PCB 文件

　　保存的第二个文件是原理图文件，后缀名为 .SchDoc，如图 5.7 所示。对保存的原理图文件进行命名，这里命名为 Photoelectric sensor，同样，文件名可以任意修改。

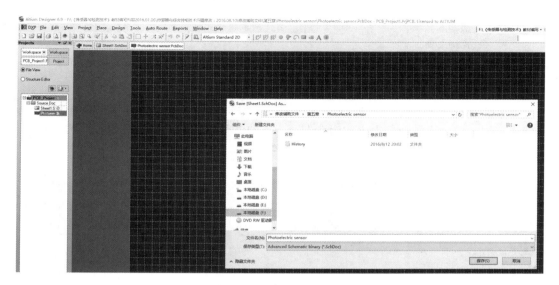

图 5.7　保存原理图文件

　　保存的最后一个文件是工程文件，后缀名为 .PrjPcb，如图 5.8 所示。对保存的工程文件进行命名，这里命名为 Photoelectric sensor，文件名同样可以任意修改。

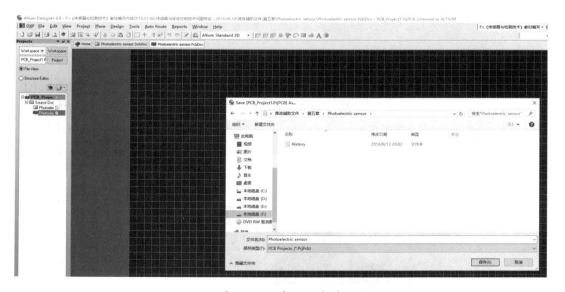

图 5.8　保存工程文件

　　至此，文件全部保存完毕。在保存的文件目录下面可以看到全部的文件，如图 5.9 所示。

名称 ^	修改日期	类型	大小
History	2016/8/12 20:02	文件夹	
Photoelectric sensor	2016/8/12 20:02	PCBDOC 文件	63 KB
Photoelectric sensor	2016/8/12 20:04	PRJPCB 文件	28 KB
Photoelectric sensor	2016/8/12 20:02	SCHDOC 文件	11 KB

图 5.9　工程目录下的全部文件列表

准备工作作好后就可以开始绘制原理图了。绘制原理图的步骤非常简单，仅仅重复使用放置元件、连线两种手段的组合即可。下面就开始说明如何进行原理图的绘制。

首先，选择左边原理图文件，启动原理图编辑器，如图 5.10 所示。

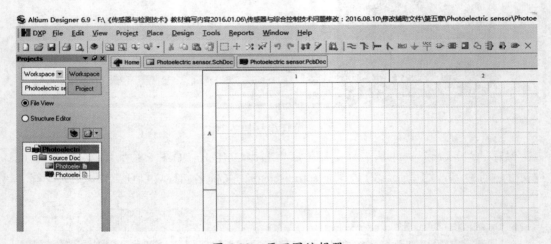

图 5.10　原理图编辑器

注意在图 5.10 左边树状目录结构中选择黄色图标的那一栏，后缀名为 .SchDoc 的是原理图文件，双击该文件后右边出现黄色原理图编辑器界面，然后在右边黄色原理图编辑器界面上进行原理图的绘制工作。为了更好地说明如何进行光电传感器模块的设计，需要首先让读者了解光电传感器（光电开关）的基本形状。光电传感器实物图如图 5.11 所示。

图 5.11　光电传感器实物图

　　图 5.11 中的光电传感器右边为连接线，该连接线有三根或是四根导线，无论其为三线还是四线，其中必定有棕、黑、蓝三根线；若为四线制，则通常多一根白线。棕线接电源正极，蓝线接电源负极，黑线是信号输出线。若为四线制，则白线为选择输出模式，悬空是无遮挡时输出开路信号，短接电源正极是无遮挡时输出短路信号。为了简单易用，若为四线制则白线可以不予考虑。由此，很容易设计出光电传感器模块的结构图，如图 5.12 所示。

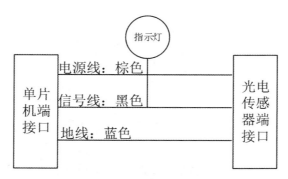

图 5.12　光电传感器模块设计图

　　从图 5.12 可以清楚地分析出，单片机接口有三个：电源、地线、信号。光电传感器模块也是三个，棕线接电源，蓝线接地，黑线接信号。为了便于观察现象，还可以附加一个指示灯（指示灯不是必须的）。下面就可以开始设计光电开关模块的原理图了。在原理图编辑器界面空白处单击右键，选择 Place—Part，开始放置元件，如图 5.13 所示。

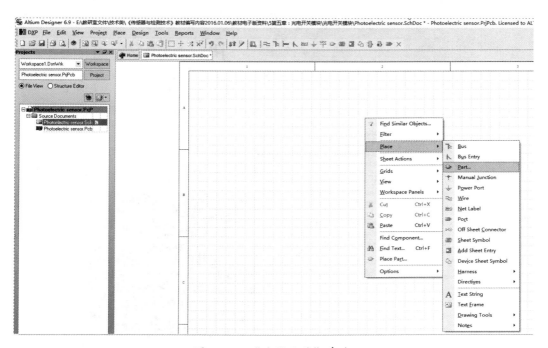

图 5.13　"放置元件"命令

第 5 章

在弹出的对话框中点击 History 旁边的 ... 按钮，如图 5.14 所示。

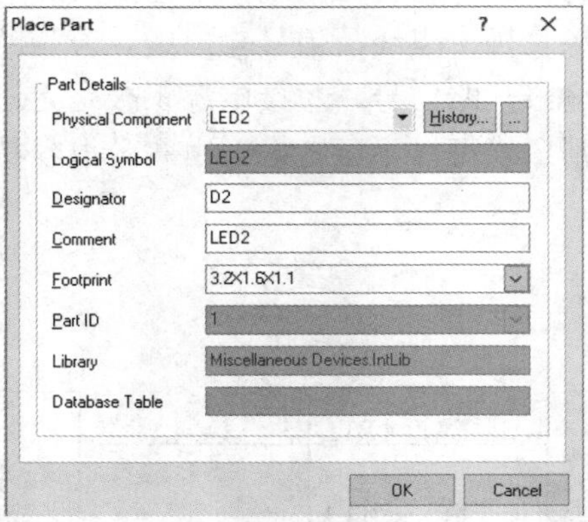

图 5.14 "放置元件"对话框

选择 Libraries 中的 "Miscellaneous Connectors" 库，如图 5.15 所示。注意这里是选择对应的元器件库，设计光电传感器模块时，需要设计出图 5.12 中单片机一侧与光电开关一侧的两个连接器（连接器用于连线，例如插针之类的元器件），这里实际上就是接头元件，接头元件在 Miscellaneous Connectors 库中。然后选中 Header3 元件，并对其进行编号。元件编号在原理图设计中必须唯一，元件编号即 Designator 后面需要填写的编号，其原理如 C 语言中的标识符一样必须唯一，如图 5.16 所示。

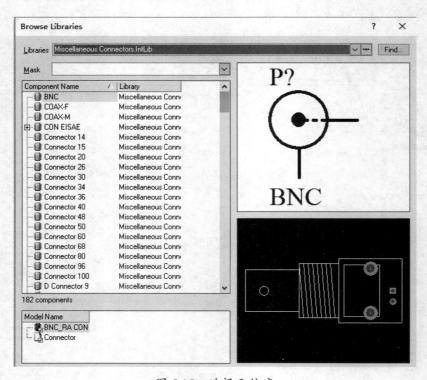

图 5.15 选择元件库

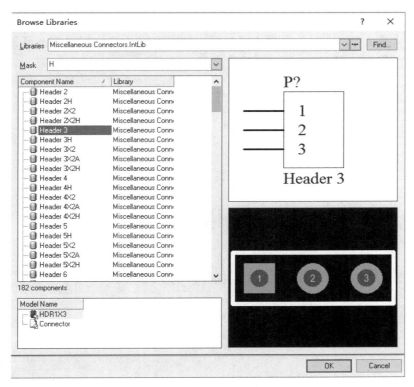

图 5.16　选择 Header3 元件

注意在图 5.16 中，选中 Header3 元件后，其元件符号（右上角的符号，名为 P ？）和其封装符号（右下的符号，有三个孔）均在对话框中显示出来了。点击 OK 后，在上一步的对话框中将 Designator 后面需要填写的编号修改为 Pin，表示这个接头为输入端信号，即给单片机使用的信号，如图 5.17 所示。

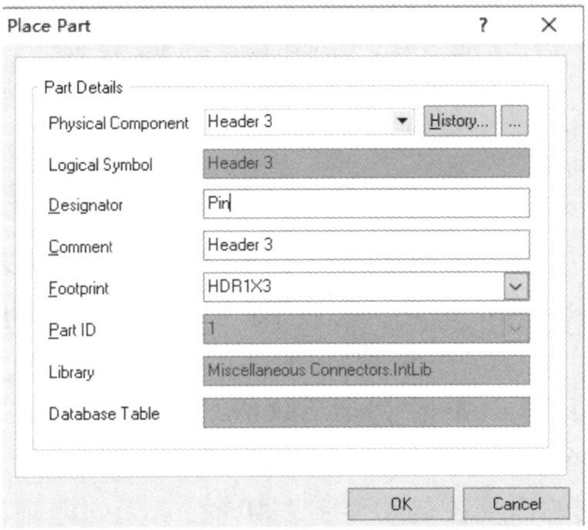

图 5.17　修改流水号（Designator）

然后点击 OK 确认。将元件可以放置在编辑器中的任何位置，注意在没有点击鼠标左键时该元件的位置可以任意放置，并且按空格键可以以 90º 为单位旋转元件，能够对其进行旋转等操作的前提是看到十字光标，如图 5.18 所示。如果按下左键，则元件放置好了就不能直接旋转。

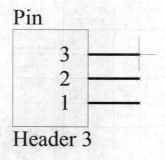

图 5.18　元件放置图

依照此操作继续放置，最后设计成功的原理图如图 5.19 所示。

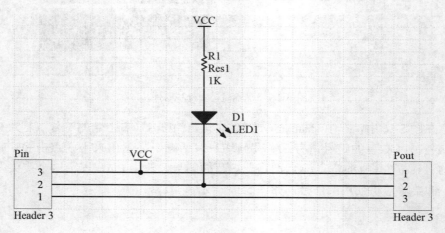

图 5.19　完整的原理图

5.2.2　电路板设计

设计完成原理图之后，就可以进行 PCB 的设计了。PCB 的设计要点为封装与走线，当然深入设计 PCB 会遇到 EMC 等复杂的问题，这些较为复杂的问题不在本书讨论范围之内。

点击 Project—Compile Document Photoelectric sensor.SchDoc 命令编译原理图。这个命令中的有效部分为 Project—Compile Document...，而命令后面的名称 Photoelectric sensor.SchDoc 是我们绘制的原理图的文件名。编译后若无问题则不会有任何提示出现。其操作如图 5.20 所示。

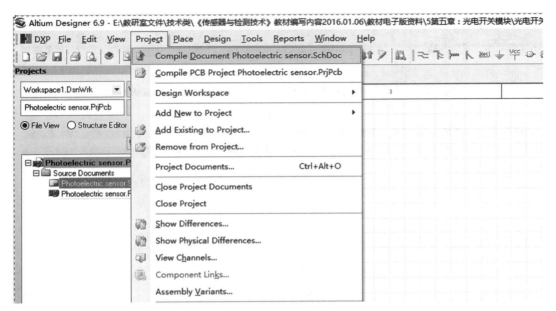

图 5.20　编译原理图操作

编译完成之后，更新 PCB 文件。点击 Design—Update PCB Document Photoelectric sensor.PcbDoc 命令更新 PCB 图。注意到这个命令中的有效部分为 Project—Update PCB Document...，而命令后面的名称 Photoelectric sensor.PcbDoc 是我们保存的 PCB 图的文件名。其操作如图 5.21 所示。

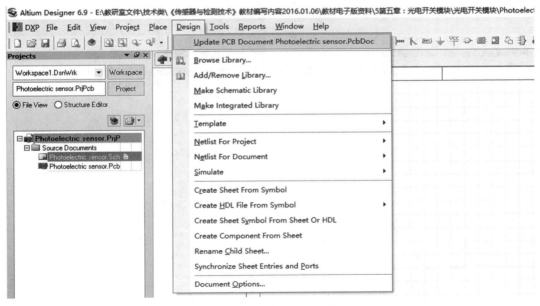

图 5.21　更新 PCB 操作

点击更新 PCB 命令后，会弹出"更新 PCB"对话框，如图 5.22 所示。

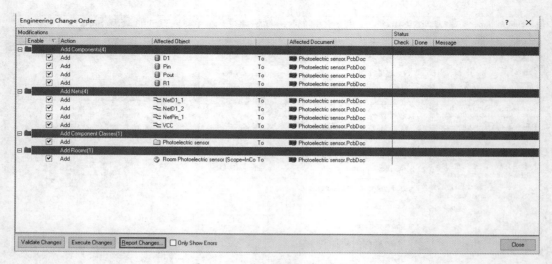

图 5.22 "更新 PCB"对话框

在弹出的对话框中先单击 Validate Changes 按钮，确认改变。此时在工程改变对话框中会有自动查找错误过程，如果出错，在状态列中将会标注为红色叉叉状态；如果无问题则会标注为绿色对号状态，如图 5.23 所示。

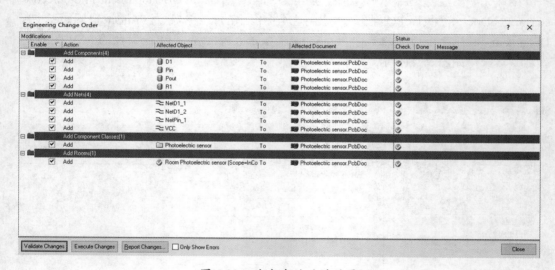

图 5.23 改变生效后的效果

最后在上述对话框中单击 Execute Changes 按钮，将 PCB 底板导入到 PCB 图上准备设计 PCB。注意，点击 Execute Changes 按钮后将直接从原理图跳转到 PCB 设计器，如图 5.24 所示。

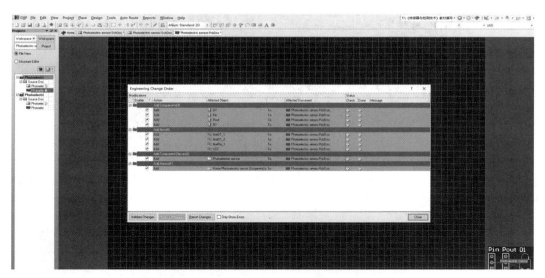

图 5.24 导出 PCB 底图到 PCB 设计器

后续的工作将在 PCB 设计器（就是目前看到的黑色界面）中继续完成。点击 **Close** 按钮进入 PCB 设计工作。按住 **Ctrl** 键并向下滚动鼠标中轮（注意这种操作频度非常高），找到从原理图导入过来的元件并将元件拖动到设计器大概中央的位置，选中并删除底盘，如图 5.25 所示。

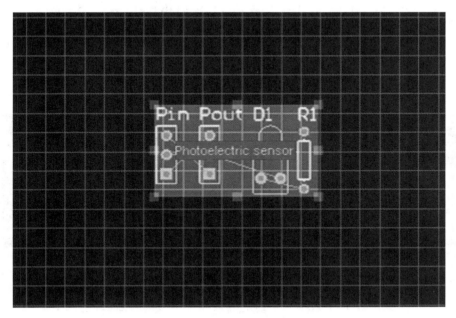

图 5.25 导入元件后移动到设计器的中心位置

调整元件位置，以便于布线处理，如图 5.26 所示。（注意：经常会使用到键盘上的 Z、A 键，先按下 Z 键再按下 A 键，可调整图像到合适窗口。）

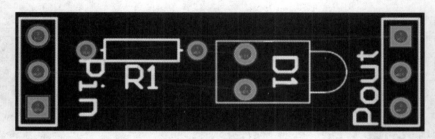

图 5.26　调整元件位置

调整元件到合适的位置之后，绘制 PCB 电路板的大致外观，点击屏幕下方的 Keep-Out Layer（绘制外观层）标签，如图 5.27 所示。

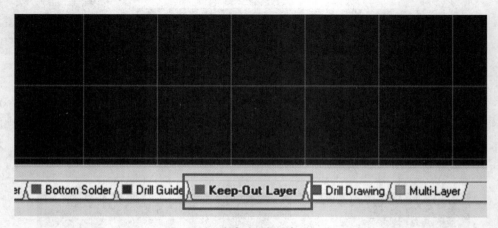

图 5.27　选中"绘制外观层"

单击 Place—line 命令开始绘制电路板外观，如图 5.28 所示。

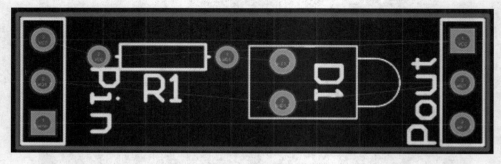

图 5.28　绘制电路板外观

在电路的关键位置进行标注，尤其是进行线路连接的位置。因此，图 5.28 中的标号 Pin、R1 等均应去掉，而换成容易理解的标号，使用 Place—String 命令可实现此操作。注意：在点击该命令后鼠标后会跟随一个字符串，此时点击 Table 按钮，设置 Layer（层）为 Top Overlay，点击 OK，如图 5.29 所示。

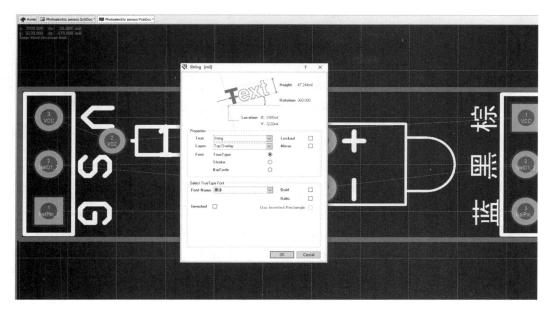

图 5.29　调整丝印层

　　这里实际上是将放置的字符串（Place—String 命令）设置到丝印层，即印刷到电路板表面的那一层，这一层的作用仅为可见文字，用作指示。使用该命令后，字符串变为黄色，如图 5.30 中十字光标的位置。

图 5.30　调整丝印层字符串

　　然后对元件位置中的关键部分进行标注，便于后续进行连线。标注结果如图 5.31 所示。

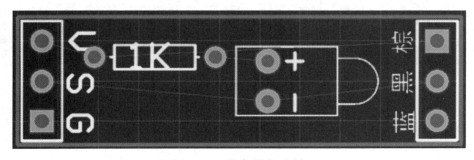

图 5.31　丝印层标注图

> **说明**
>
> 标注中文时，Font（字体）一栏应该选择 True Type，然后在下方 Font Name（字体名称）中选择对应的字体，例如黑体。点击"确定"后即可以输入并正常显示中文。

说明性文字标注（丝印层标注）完成后即可以开始布线工作。当然，布局与布线都是可以先完成的工作，丝印层标注可以最后完成。布线工作需要采用手动布线，不要使用自动布线。这是由于自动布线无法把线路走得很好，而手动布线可以依照设计者的思路把布线完成得很好。本例在稍微调整布局、边界等的基础上进行了布线，并且仅在底面布线。在 PCB 设计器底部选择 Button Layer 标签进行底面布线。底面布线便于后续进行实际焊接工作，包括无丝印层和有丝印层的两种布线情况，如图 5.32 和图 5.33 所示。

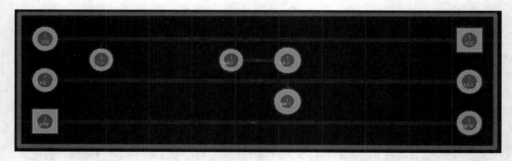

图 5.32　不含丝印层的简单布线图

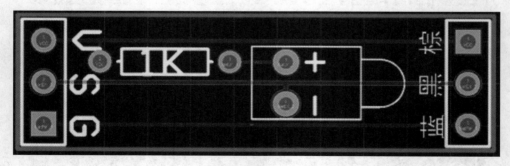

图 5.33　含丝印层的简单布线图

至此，整个光电传感器模块的设计已经全部结束。如果需要批量制造，则该 PCB 文件可以送到制版厂家进行电路板制造工作。由于该模块足够简单，因此无需送厂家制版，但是需要焊接并实现该模块。在 5.3 节中，主要介绍如何实现该模块。

5.3 实现光电开关模块

上一节完整介绍了使用 Altium Designer DXP6.9 软件进行电路设计的全部过程，本节在上一节的基础上通过常用电路制作材料来焊接与实现光电传感器模块。下面就通过准备相关硬件、焊接电路与调试电路、测试软件代码的编写等几个过程来完成光电开关模块的设计与实现。

5.3.1 硬件准备

焊接一个光电传感器模块需要准备的硬件有：万能板（俗称洞洞板）、排针、1K 电阻、LED 等电子元件，如图 5.34 和图 5.35 所示。

图 5.34 万能板样图

图 5.35 排针、电阻、LED

图 5.35 中从左至右分别是：排针、1K 电阻、LED。为了完成该模块的焊接工作，还需要准备对应的一些工具与设备，如电烙铁、焊锡丝、镊子、尖嘴钳、万用表等。注意在材料的选择上尽可能选质量可靠的，尤其是万能板。

5.3.2 硬件焊接与调试

硬件焊接的目标是尽最大的可能焊接出问题尽可能少的硬件电路板。通常，焊接电路板的原则如下：

（1）观察电路板的焊盘、布线、过孔等是否完整。

（2）观察电路板是否有短路现象，强烈推荐依照 PCB 以模块为单位、每个子线路均仔细查找一遍。

（3）依据 PCB 与元件实物，将每个元件的封装均对照仔细检查一遍。

（4）使用万用表检测电路板是否存在短路现象。

（5）以上对照无误或是问题已经解决之后开始焊接。焊接时推荐电烙铁调整至300ºC。焊接电烙铁不能在焊盘上停留过长的时间，一般焊接一个点停留时间在 5 秒钟之内。

（6）元件全部焊接完毕之后，仔细观察每个焊点是否有虚焊现象，若有则补焊。

（7）再次使用万用表检测是否存在短路现象。

（8）通电测试。

对于本模块，焊接电路板依照如下几个步骤来完成：

（1）观察电路板的焊盘、布线、过孔等；洞洞板只需要观察焊盘是否完整。

（2）使用 DXP 软件作为参考规划元件位置与布线。

（3）使用电烙铁焊接。

（4）使用万用表检测电路板是否短路。

下面就依据上面的几个步骤来详细解释焊接过程。

第一步：观察万能板的焊点的完整情况。这里尤其要注意有很多万能板因放置时间较长，焊盘存在氧化迹象，因此可能需要使用工具（例如小裁纸刀）稍微刮一下焊盘表面，把氧化层刮掉以便于焊接。裁剪为合适大小的万能板如图 5.36 所示。

图 5.36　裁剪好的小万能板

第二步：对照 PCB 图来规划元件的布局与位置，对照图如图 5.37 所示。

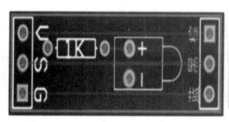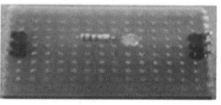

图 5.37　PCB 图与实物布局对照图

第三步：使用电烙铁进行焊接，焊接之后的实物图如图 5.38 所示。

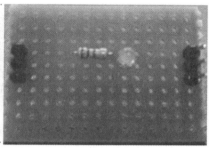

图 5.38　焊接完成图（左边为底层，右边为顶层）

第四步：使用万用表检测模块是否短路。将万用表调整至蜂鸣器挡，将任意正负表笔分别连接到电源与地线，若存在短路现象则万用表报警，若不存在短路现象则万用表不会报警。实际检测如图 5.39 所示。

图 5.39　模块短路测试

通过上述步骤应基本能够完成该模块的设计与实现，多数硬件设计与实现的基本步骤均为先进行设计然后进行实现，制版完成之后即为焊接与调试。下一节我们将继续使用简单例子的方式来调试该模块，其目标为确保该模块的基本功能实现。

5.4 模块测试

模块测试通常有很多方法，如果已有现成的固件，则将固件刷机后连接模块进行功能测试。如果没有现成的固件则需要自行编写软件进行测试，这种方法相对复杂。这是由于当模块硬件出现问题时需要对问题进行查找，有的时候是软件编程出现问题，有的时候是硬件模块本身的问题，但是在嵌入式系统开发中大多数使用这种方法来进行测试工作。本节主要介绍后一种方案，通过编写一个简单的软件来测试模块的基本功能。

模块测试的基本步骤如下。

第一步：连接好硬件核心板与硬件模块。

第二步：新建一个工程并编写代码。

第三步：编译软件并生成 HEX 文件。

第四步：下载 HEX 文件到核心板。

第五步：观察模块的基本行为是否正确，若不正确则从第一步开始查找问题，并重复上述步骤。

下面就依照上述的步骤来进行模块的测试工作。

第一步：连接硬件模块到核心板，其中硬件模块的电源线与地线连接到核心板的电源与地线，数据线随便连接到核心板的某一个引脚，本例连接到 P0.0，即核心板上标注为 P0.0 字样的引脚上。连接好的示意图如图 5.40 所示，实物图如图 5.41 所示。

图 5.40　连接示意图

图 5.41　连接实物图

第二步：新建一个工程并编写代码，过程与前述章节一致。由于需要测试的模块为光电开关模块，该模块为输入模块，提供给单片机输入开关信号（也可理解为"0""1"信号）。因此编写的测试代码只需要能够成功获取该信号即可，那么这里获取该信号成功之后应该有标示，典型的标示方法为点亮或熄灭 LED 发光二极管。依据核心板上的资源，这个目标基本可以实现，其简要算法如下：

算法 5.1　获取光电开关模块输入信号

```
在无限循环中做
        如果检测到光电开关模块有输入信号
            点亮 LED
        否则
            关闭 LED
```

程序 5.1　部分参考代码

```
while(1)
{
        if (sig == 0) LED0 = 1;
        else LED0 = 0;
}
```

第三步：编译软件并生成 HEX 文件。此处建立工程，编写代码与生成 HEX 文件即可。

第四步：下载 HEX 文件到核心板。

第五步：观察模块的基本行为是否正确，若不正确则从第一步开始查找问题。

上述实验成功的现象为：当将手放置在光电开关前端时，电路板上的 LED 亮；手离开光电开关后，电路板上的 LED 灭。由于该例子比较简单，剩下的三个步骤由读者自行完成。具体实验现象如图 5.42 所示。

图 5.42　实验现象图

从图 5.45 可见，当用手遮挡住光电传感器前端，模块上的 LED 亮，且单片机的左上角的一排 LED 均点亮（为了便于观察现象，此代码中点亮了一排 LED）。

5.5　本章小结

本章重点介绍了如何实现一个光电开关模块。5.1 节主要说明本模块的设计目标与基本要求；5.2 节重点阐述使用电子电路设计软件对光电开关模块进行原理图与 PCB 的设计工作；5.3 节主要说明如何实现光电开关模块。

本章的重点内容总结如下：

（1）光电开关模块的基本规范。

（2）使用 DXP 软件进行光电开关模块的原理图与 PCB 的设计。

（3）使用万能板实现硬件的规划与具体实现过程。

（4）模块的软硬件联合调试。

实际上，一般商用的光电开关上均可以接受 5V 的电源驱动，但需要被测试者近距离遮挡光电开关才能使其有反应，一般光电开关的后端有 LED，遮挡有效则该 LED 会亮起。本质上本模块不需要该光电开关的三根线便可以直接连接到任意的开发板上。本章的目标是完成一个简单的硬件模块从设计到实现的全部过程，因此这里对于是否有必要完成本模块就不作深入讨论。

【项目实施】

E5.1 使用 DXP 软件画出 GY10 原理图与 PCB

E5.2 使用万能板焊接 GY10 模块

E5.3 提交全部项目资料

第 6 章
继电器模块

继电器模块是本书讲解的第一个简单外部信号输出模块，其工作原理、电路设计与实现以及软件编写均很简单。通过对这个模块的学习，使读者初步了解弱电控制强电的计算机控制方式。本章的主要顺序为：第一，直接给出继电器模块的项目规范，其中包含需要实现的具体功能；第二，使用计算机电路设计软件进行电路设计；第三，实际制造出该模块；第四，通过编写简单的代码来对该模块进行测试与使用。

本章需要掌握的要点如下：
- ✓ 继电器模块的电路设计
- ✓ 继电器模块的制作与测试
- ✓ 使用 C 语言测试继电器模块的输入信号

本章需要了解的要点如下：
- ✓ 继电器模块的简单原理
- ✓ 继电器模块的简单项目规范

<table>
<tr><td>6.1</td><td>继电器模块与项目规范</td></tr>
</table>

6.1.1 继电器模块的简单工作原理

继电器模块主要用于控制工作，尤其适合于使用弱电控制强电的场合。例如，使用单片机控制市电（220V 家用交流电）的通断，以实现控制室内的照明灯、电风扇等电器设备。由于单片机是直流 5V 电器系统，而市电是 220V 交流，在电器上是不能匹配的。并且 5V 直流也不能直接控制 220V 交流，因此需要一个转换模块，常用的就是继电器模块。

继电器模块是由一个线圈和三个受控端组成的，其中线圈有两个端点用于控制三个受控端，三个受控端默认其中有两个处于连通状态；当线圈上有电流通过则三个受控端中原来处于连通状态的两个受控端断开，原来处于断开状态的两个受控端连接；若电流消失，则返回默认连接状态。两种基本工作状况如图 6.1 和图 6.2 所示。

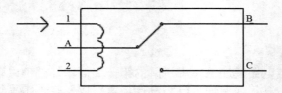

图 6.1　有电流通过示意图

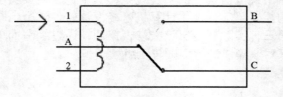

图 6.2　无电流通过示意图

由上图可知，只要线圈中通过电流就可以对 A、B、C 三点的线路通断情况进行控制。那么 1,2 两点的电流只需要 5V 直流就可以产生了，关键是这个模块如何设计与实现呢？本章主要说明如何设计与实现继电器模块。

6.1.2 继电器项目规范

[任务名称] 继电器模块设计要求。

[目标简述] 完成继电器模块的设计与实现。

[具体功能]

（1）自行设计继电器模块的原理图与 PCB。

1）继电器元件的原理图元件需要自行设计原理图库。

2）继电器元件的 PCB 元件库需要自行设计元件封装库。

3）在 PCB 库设计的过程中，尤其要注意原理图库中的元件在封装库中能找到对应的封装。

4）原理图库中元件的参数应作简单地修改，以使元件名称、值等相关含义有意义。

（2）依照设计的 PCB 来焊接继电器电路板，并测试该电路板硬件是否正常，继电器模块信号线连接到 P0.0 口上。

（3）编写简单代码测试继电器电路板，继电器模块接收到信号"1"，则继电器跳开（会有声音）；继电器接收到信号"0"，继电器跳回原来状态；重复此步骤。

[说明] 电路焊接必须严格依照设计的 PCB 来进行焊接，在画原理图时尽最大可能把线连接到电路的底面。

[要求]

（1）必须写出算法文档（中文、伪代码均可）。

[注意]

1）主程序一个算法。

2）每个子程序（函数）各自一个算法。

（2）必须画出程序流程图。

[注意]

1）主程序一个程序流程图。

2）每个子程序（函数）各自一个程序流程图。

（3）源代码上交与注释规范。

1）硬件测试文档，硬件测试文档上交文件名为：

XXX 硬件测试文档 .DOC。

2）必须给出软件代码测试的测试用例表格，软件代码测试文档上交文件名为：

XXX 软件测试文档 .DOC。

3）必须给出实体系统功能的功能说明书，功能说明书上交文件名为：

XXX 功能说明书 .DOC。

4）原理图、PCB 文档。原理图与 PCB 文档依照要求完成即可。

5）本项目完成过程中的问题文档，上交文件名为：

问题文档 .DOC。

6）讲解 PPT，讲解 PPT 上交文件名为：

模块项目讲解文件 .PPT。

7）全部文档资料整理打包，文件名为：

序号 _ 姓名 .rar。

[注意] 序号 _ 姓名 .rar 打包文件目录列表：

① XXX 算法文档 .DOC。

② 程序流程图 .DOC。

③ XXX.C。

　[注意] 源代码需要达到如下要求：

　● 源代码中最上面一行加一个注释，写上：序号 _ 姓名。

　● 源代码关键位置给出注释。

　● 函数的开始处写上注释。

④ XXX 硬件测试文档 .DOC。

⑤ XXX 软件测试文档 .DOC。

⑥ XXX 功能说明书 .DOC。

⑦ 原理图与 PCB 文件。

⑧ 问题文档 .DOC。

⑨ 模块项目讲解文件 .PPT。

6.2　使用 DXP 软件设计继电器模块

使用 DXP6.9 软件绘制继电器模块设计图完全可以依照前述的原理执行，但是需要了解的一个问题是在原理图与 PCB 库中可能没有对应的元件。在实际应用中，制作设计图时没有对应的元件这种情况是经常发生的。因此，应当重点了解如何进行原理图库与 PCB 库的设计，并且需要初步了解相关参数的设置问题。

6.2.1　原理图设计

继电器设计时需要遵照一些基本原则。由于驱动继电器需要的电流较大，可以理解为需要较大的力量才能推动一个开关。一般人可能认为做法很简单，用单片机的引脚控制继电器即可，因为单片机的引脚可以很容易用"0"或是"1"来控制。用户理想的驱动方式如图 6.3 所示。

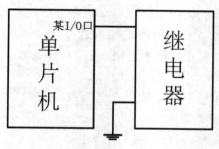

图 6.3　用户理想的驱动方式

但是上面刚刚提到了"需要较大的力量才能推动一个开关"这种说法，事实上，由于单片机的引脚“力量”较小，基本上无法推动继电器的这个“开关”，因此这种驱动方式显然是不行的。那么怎样才能正确的驱动继电器呢？简单的办法是使用一个三极管来驱动，其驱动方式类似于“数字电路”课程中非门的简单电路。本书将尽可能减少读者对电子技术原理的深入研究，让读者更加关注重点。那么下面给出实际可以使用的一种驱动简图，如图 6.4 所示。

VCC
Ry1
1
4
Ctl 3
5
2
relay
Q1
9013
R1 1K
GND

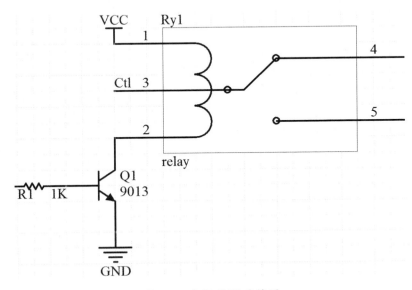

图 6.4 实际的驱动简图

通过图 6.4 可知，实际的驱动方式是使用一个三极管作为驱动的电子元件来完成该功能的，以便于能够产生足够的“力量”来完成驱动继电器这种大功率电子元件的能力。当然，该电路并非唯一可以驱动继电器的电路，如果读者需要其他的方式来驱动继电器可以查阅有关资料，一般互联网上有非常多的实用电路可以驱动这些大功率设备。对于本书涉及到的领域，读者应该多实际动手尝试才能取得更好的效果。下面我们就给出原理图的设计电路，详细介绍原理图中继电器原理图库元件的设计。

第一步：新建工程、原理图、原理图库、PCB、PCB 库等五个文件，如图 6.5 所示。

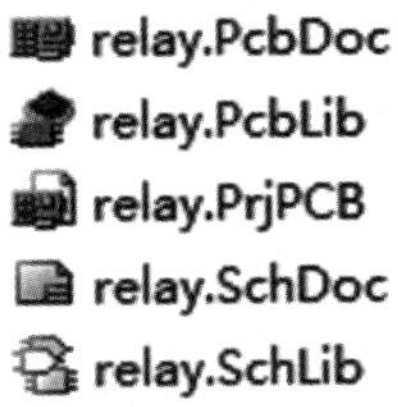

relay.PcbDoc
relay.PcbLib
relay.PrjPCB
relay.SchDoc
relay.SchLib

图 6.5 工程目录下的五个基本文件

第二步：制作原理图库中的继电器元件。当新建了上述的五个基本文件之后，需要制作原理图库中的继电器元件。本书采用的例子为目前我国市场上较为常用的继电器，其型号为 songle5VDC:250VAC。而 DXP6.9 软件为国外软件，无法兼容我国的元件，因此需要我们自行设计原理图库中的 songle5VDC:250VAC 继电器元件。原理图库中的元件设计步骤如下：

（1）打开原理图库。打开原理图库之后的界面如图 6.6 所示。

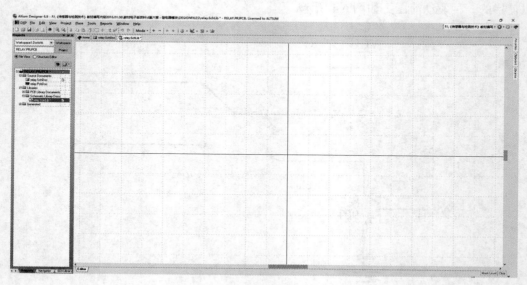

图 6.6　打开原理图库界面

（2）点击左下角的 SCH Library 标签，其显示界面如图 6.7 所示。

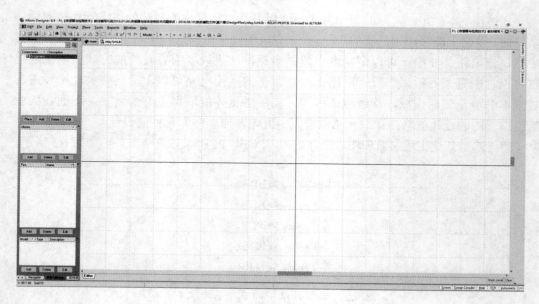

图 6.7　进入原理图库界面

（3）设计继电器元件。首先绘制外部轮廓与线圈部分，如图 6.8 所示。

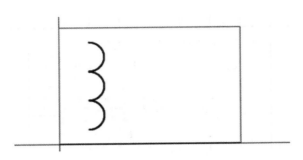

图 6.8　元件外观与线圈

绘制元件外观的命令为 Place—Rectangle，即放置一个矩形；绘制线圈的命令为 Place—Arc，即放置弧形，先放置一个小的半圆（实际上是通过放置弧形然后微调实现的），然后复制小半圆拼凑起来。

（4）放置引脚。放置继电器的五个引脚，如图 6.9 所示。

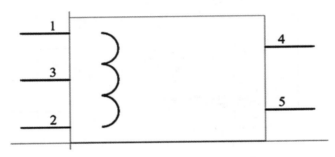

图 6.9　放置继电器的五个引脚

注意：本例使用的继电器为 songle5VDC:250VAC 继电器，其底部有一张逻辑连接图，给出了电路的逻辑连接方式，我们在设计元件原理图库与后面的元件 PCB 库时需要使用该图，这是我们设计这些图的基本依据。如果使用的元件不同，则原理图库元件与 PCB 库元件的绘制也会相应有所区别。

（5）绘制其他线路与内部开关等。完整的继电器原理图如图 6.10 所示。

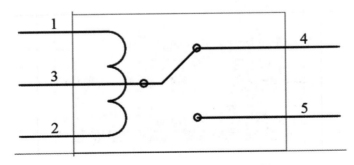

图 6.10　完整的继电器原理图

继电器的简单工作原理为：当 1，2 两引脚有一定的电流通过时，原来连接的 3，4

引脚断开，然后 3，5 两个引脚接通。当 1，2 两引脚的电流较小（假定为 0）时，接通的 3，5 两个引脚断开，回到 3，4 引脚接通的初始状态。

（6）修改继电器元件的元件名。点击 Tools—Rename Component，如图 6.11 所示。

图 6.11 "修改元件名"命令

在弹出的对话框中输入 myRelay，如图 6.12 所示。实际上继电器元件名可由用户自己定义。

图 6.12 修改继电器元件名

修改后的效果图如图 6.13 所示。

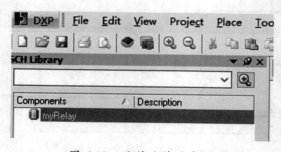

图 6.13 元件名修改成功

第三步：制作 PCB 库中继电器元件的封装。保存文件后点击左下角的 Projects 标签回到工程目录，如图 6.14 所示。

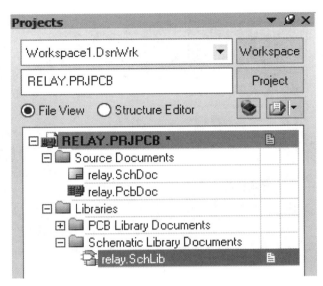

图 6.14　工程目录界面

选择 PCB 库文件，开始进行 PCB 库元件的设计工作，PCB 库元件设计器如图 6.15 所示。

图 6.15　PCB 库元件设计器

点击左下角的 PCB Library 标签，双击 Name 框中的 PCBComponent_1 元件，进入 PCB 库元件设计模式，如图 6.16 所示。

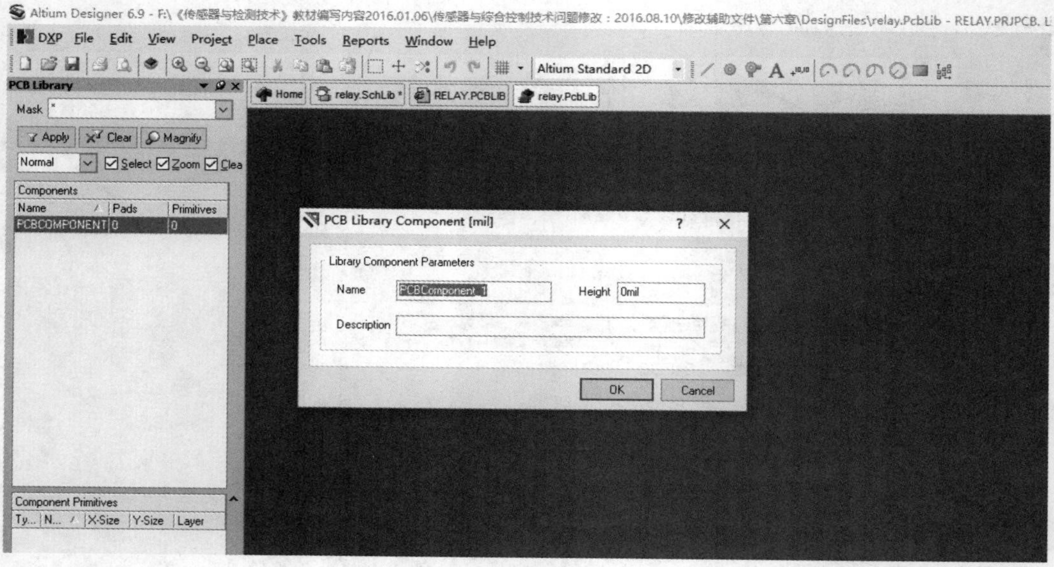

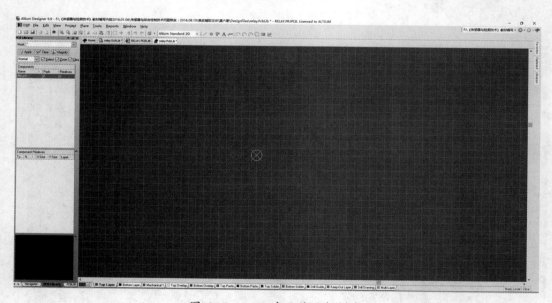

图 6.16　PCB 库元件设计模式

　　将对话框中的元件名修改为：myRelay。和前面的原理图元件名一样，这个元件名也是可以随意改的。点击 OK 后的界面如图 6.17 所示。

图 6.17　PCB 库元件编辑模式

　　下面就正式开始绘制 PCB 库中的继电器元件。
　　（1）绘制元件外观。使用尺子确定元件的外部尺寸，然后将外观画出来。

> **注意**
>
> 　　DXP 软件中使用英制尺寸，我国多数人习惯使用公制尺寸，在 PCB 库元件编辑模式下，按下键盘上的英文字母 Q 键（不区分大小写），就可以进行公制与英制的相互切换。应特别注意的是，如果计算机输入法为中文输入法，比如搜狗拼音输入法，则该切换无效，必须在英文输入的模式下按 Q 键才能进行单位制的切换。

厂家提供的 songle5VDC:250VAC 继电器的尺寸如图 6.18 所示。

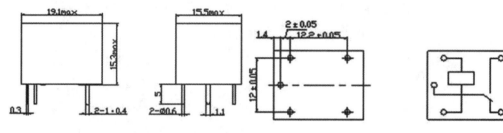

图 6.18　继电器精确尺寸标注图

　　那么由图 6.18 可知，继电器的外形尺寸大致为长 19.1mm，宽 15.5mm。在 PCB 库元件设计器中绘制出其外观，点击设计器下方的 Top Overlay 标签（顶层丝印层），然后右击 Place，选择 Line，在设计器上绘制一个矩形框，如图 6.19 所示。注意在 Top Overlay 层都是黄色丝线。

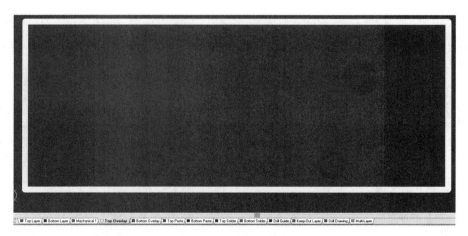

图 6.19　在顶层丝印层放置一个矩形框

　　点击 Edit—Set Reference—Location，此时注意到鼠标变成十字光标，然后将光标定位到矩形的左下角，点击左键确定，表示将原点（0,0）定位到矩形的左下角，如图6.20所示。

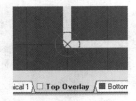

图 6.20　设置原点到继电器外边框的左下角

在英文输入法的模式下，按Q键切换英制为公制，并依据图6.18设置每根线的尺寸。设置时双击待设置的线即可。边框线的设置如图6.21至图6.24所示。

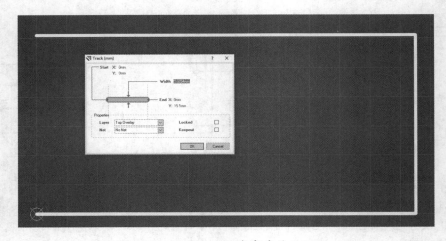

图 6.21　设置左边竖线宽度为 15.5mm

图6.21显示了设置左边竖线的宽度，本例中X轴设置为0mm，Y轴设置为15.5mm。设置参数时，左边的竖线会不显示，设置完后才会出现。

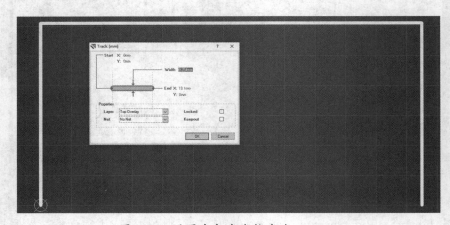

图 6.22　设置底部直线长度为 19.1mm

图 6.22 显示了设置底边直线的宽度，本例中 X 轴设置为 19.1mm，Y 轴设置为 0mm。同上，设置参数时，底部的横线就会隐藏，设置完后才会出现。

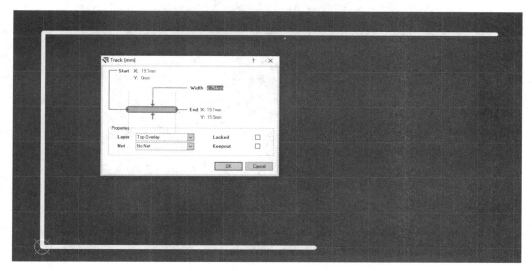

图 6.23　设置右边竖线尺寸

右边竖线尺寸 X 轴设置为 19.1mm，Y 轴设置为 15.5mm。

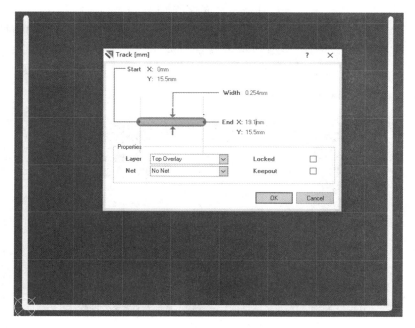

图 6.24　设置顶部直线尺寸

最后设置顶部的直线尺寸，X 轴设置为 19.1mm，Y 轴设置为 15.5mm。至此，外边框的四根线全部设置完毕。全部设置完成之后的图如图 6.25 所示。

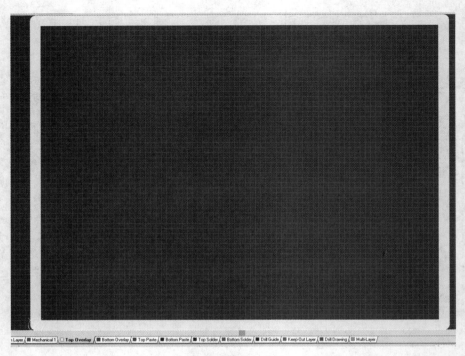

图 6.25　完成设置之后的外观尺寸图

　　元件外观绘制完成之后，需要进行元件的各个引脚的绘制。

　　（2）绘制焊盘。由于继电器元件有五个引脚，在绘制原理图库元件时对这些引脚进行了编号，为 1 ～ 5。那么在绘制 PCB 库元件时也需要对应进行编号，即画焊盘时编号也必须是 1 ～ 5，这样才能做到一一对应。绘制引脚，点击右键，在弹出的列表中选择 Place—Pad，如图 6.26 所示。

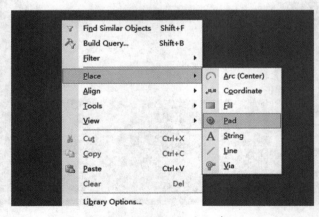

图 6.26　"绘制焊盘"命令

　　在图上放置 5 个焊盘，注意编号从 1 开始，如图 6.27 和图 6.28 所示。

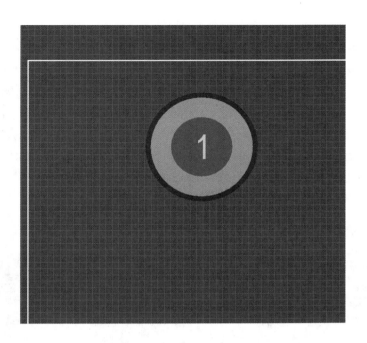

图 6.27　放置焊盘

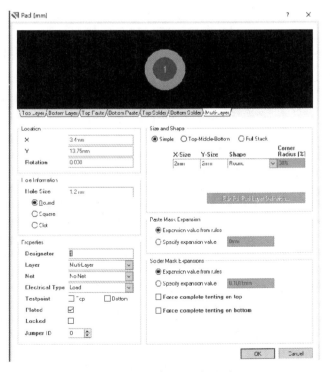

图 6.28　焊盘的编号设置

焊盘重要的参数有三个：编号（Designator）、孔径（Hole Size）、形状的 X 与 Y

尺寸（Shape、X-Size、Y-Size）。其中编号必须唯一，例如不要出现两个编号为 1 的焊盘，因为这意味着两个引脚都是 1 号脚，这显然是不合理的，一个焊盘只能有一个编号。第二个参数是孔径，孔径参数用于确定元件的引脚能不能放入这个孔中，如果引脚大于孔径显然是无法放进去焊接的，因此孔径必须略大于元件的引脚直径。从尺寸图 6.18 可知，元件引脚的最大宽度为 1.1mm，因此可以将孔径设置为 1.2mm。第三个参数是形状的 X 与 Y 尺寸。形状指的是焊盘的形状，有圆形、矩形、六边形、带圆弧的矩形四种，若选择了圆形作为焊盘的形状，焊盘应该大于孔径，否则不便于焊接。下面我们给出针对本例的 1 号孔的完整设置，设置好后放置到图上，如图 6.29 所示。其他焊盘均默认此设置，但编号自动递增。

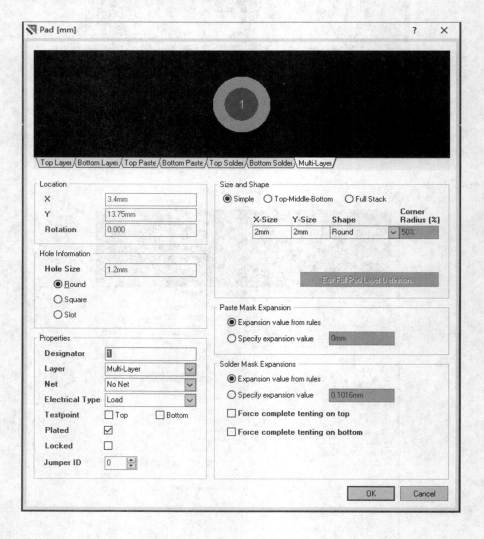

图 6.29　1 号孔的完整参数设置

（3）调整焊盘的位置。放置好五个焊盘之后的界面如图 6.30 所示。

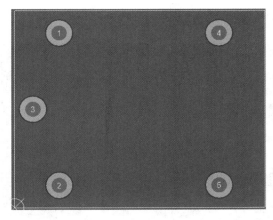

图 6.30　初步放置的五个焊盘

将焊盘调整到具体位置后，PCB 库中继电器元件的封装才算完成。由图 6.18 可知，3 号引脚在 Y 向居中，因此，可先调整 3 号引脚，它的 Y 向尺寸为 15.5/2=7.75mm，X 向尺寸为 1.4mm，其参数设置如图 6.31 所示。

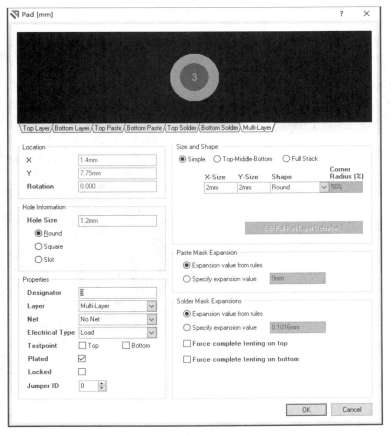

图 6.31　3 号引脚的参数设置

设置完成后的效果图如图 6.32 所示。

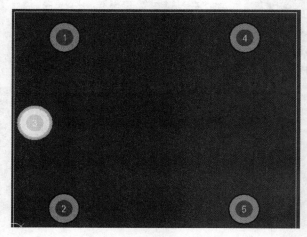

图 6.32　3 号引脚设置完成效果图

接着设置 1 号引脚，其 X 向尺寸为：1.4+2=3.4mm；Y 向尺寸为 7.75+6=13.75mm。参数设置与调整之后的效果图如图 6.33 和图 6.34 所示。

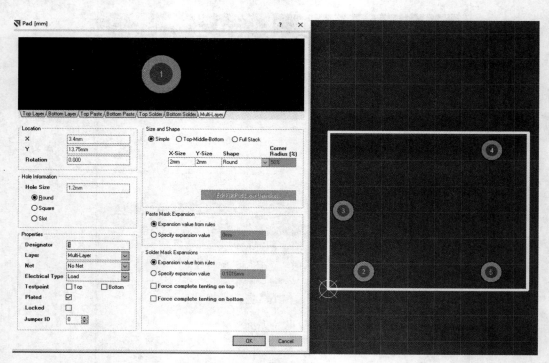

图 6.33　1 号引脚的参数设置

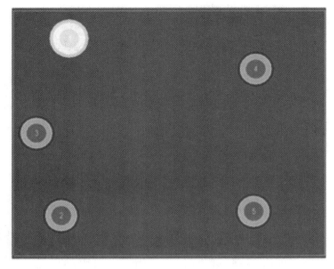

图 6.34　1 号引脚设置完成效果图

　　然后设置 5 号引脚。其 X 向尺寸为 1.4+2+12.2=15.6mm，Y 向尺寸为 7.75–6=1.75mm，其参数设置与设置完成后的效果图如图 6.35 和图 6.36 所示。

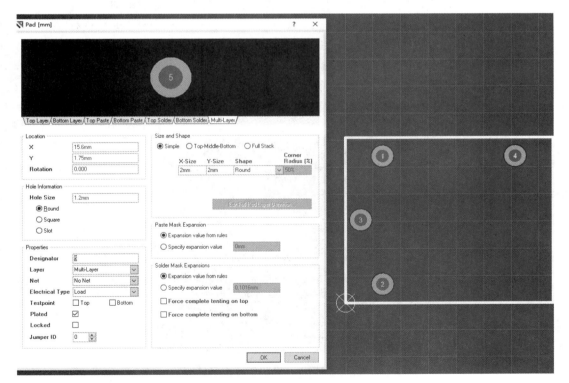

图 6.35　5 号引脚的参数设置

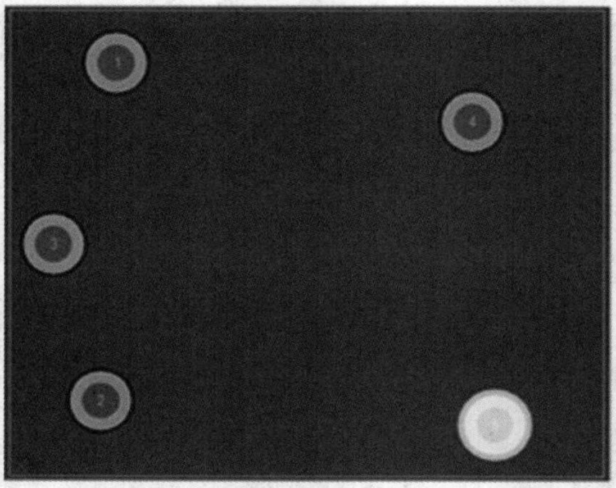

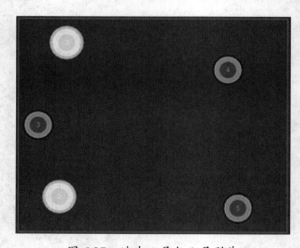

图 6.36　5 号引脚设置完成效果图

　　为什么要依照 3-1-5 的顺序来设置呢？这是由于 3 号引脚是独立的，跟其他四个引脚的位置没关系，而且只要设置好了对角的 1 号和 5 号两个引脚，另外的 2 号和 4 号引脚无需设置，只要使用对齐命令即可。

　　1）2 号引脚调整：2 号引脚横向与 1 号引脚对齐，纵向与 5 号引脚对齐。

　　2）4 号引脚调整：4 号引脚横向与 5 号引脚对齐，纵向与 1 号引脚对齐。

　　3）横向对齐命令为：Ctrl—Shift—L（左对齐），或是 Ctrl—Shift—R（右对齐）。

　　4）纵向对齐命令为：Ctrl—Shift—T（顶部对齐），或是 Ctrl—Shift—B（底部对齐）。

　　5）所有对齐命令均在 Edit—Align 菜单下。

　　下面以 2 号引脚为例来进行对齐操作。先进行横向对齐，按住 Shitf 键不放，逐个点击左键选中 2 号和 1 号引脚，效果如图 6.37 所示。

图 6.37　选中 1 号与 2 号引脚

　　显然，2 号引脚比 1 号引脚靠左，因此 2 号引脚应该右移，选择"右对齐"命令 Ctrl—Shift—R，对齐后的效果如图 6.38 所示。

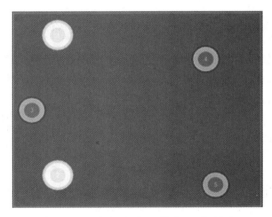

图 6.38　对齐后的 1 号与 2 号引脚

然后需要将 2 号引脚与 5 号引脚进行纵向对齐，显然 2 号引脚应该向下对齐，选中 2 号和 5 号引脚后，使用"底部对齐"命令 Ctrl—Shift—B，其选中与对齐的效果见图 6.39。

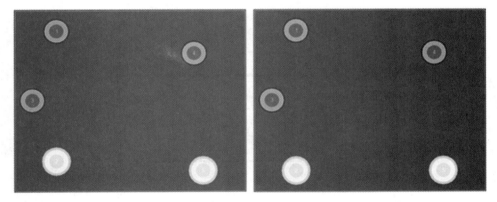

图 6.39　选中 2 号引脚与 5 号引脚进行底部对齐操作

同理，4 号引脚也可以进行类似操作，最终全部对齐后便完成 PCB 库继电器元件封装，如图 6.40 所示。

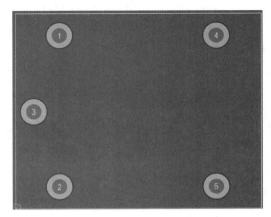

图 6.40　PCB 库继电器元件封装图

第 6 章

至此，PCB 库中的继电器元件全部设计完毕。后续的原理图与 PCB 设计中均需要使用到此处设计的原理图库元件与 PCB 库元件。

第四步：指定原理图库中继电器元件的封装，并设置简单的基本参数。

在设计完成继电器的原理图库元件与 PCB 库元件之后，需要把它们联系起来，当绘制原理图时，需要指定元件的封装。

点击 DXP 软件左下角的 SCH Library 标签，进入原理图库元件设计器，对设计的继电器原理图库元件进行封装关联操作，如图 6.41 所示。

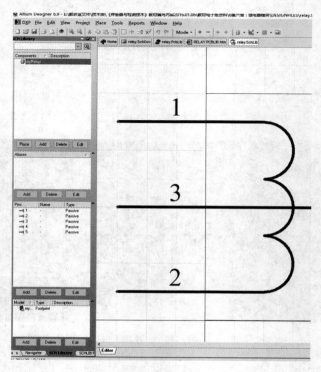

图 6.41　原理图库元件设计器

双击左上角中的元件 myRelay，弹出库元件属性修改界面，修改 Default Designator（默认的标号 / 流水号）、Default Comment（默认注释），以及 Model 中封装的三个参数。先修改前两个参数，将 Default Designator 中的 * 号修改为 Ry？，表示为某个没有编号的继电器元件，Default Comment 中的 * 号修改为 Relay。修改前与修改后的对比图如图 6.42 所示。

图 6.42 对话框中 Models 内部为空，这里需要添加元件的封装，这个封装就是前面在 PCB 元件库中设计的元件。点击 Models 框下面的 Add 按钮，弹出"添加封装"对话框，如图 6.43 所示。

在 Model Type（模式类型）下拉框中选择 FootPrint（封装），然后点击 OK，弹出"添加 PCB 封装"对话框，如图 6.44 所示。

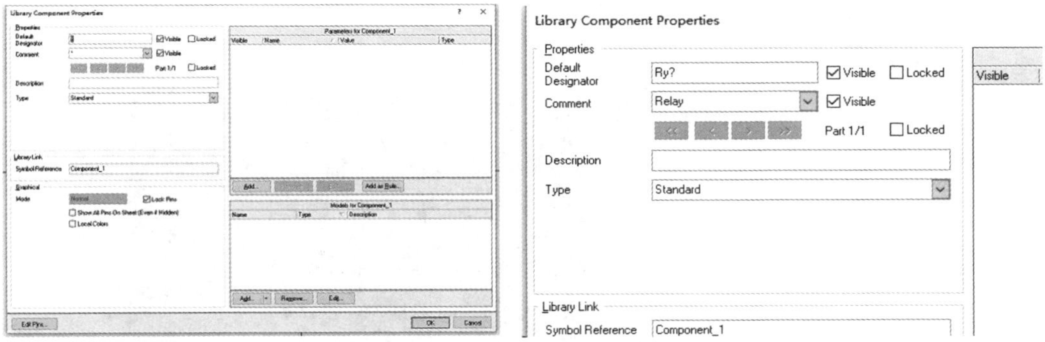

图 6.42　库元件属性修改前后对比图

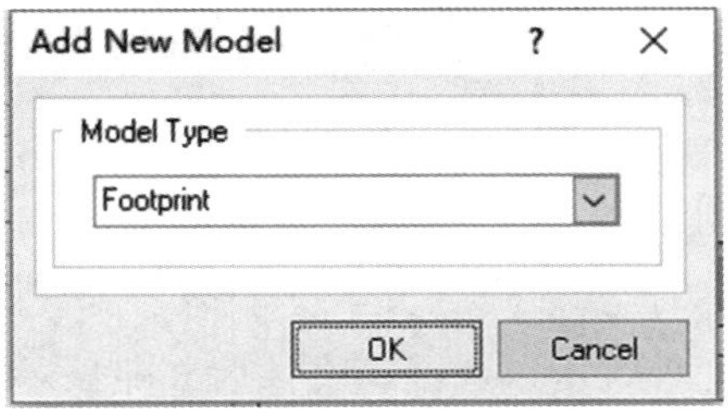

图 6.43　"添加封装"对话框

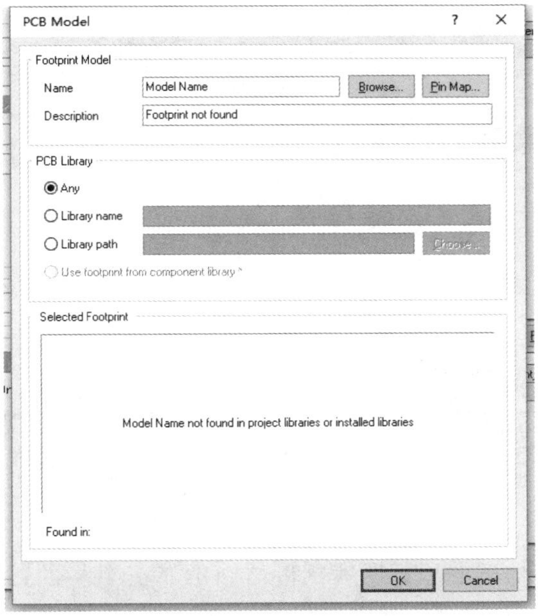

图 6.44　"添加 PCB 封装"对话框

选中 Any 选项，并点击 Name 框旁边的 Browse... 按钮，在 Browse Libraries 对话框中的 Libraries 库中选择自己设计的 relay.PcbLib 库，如图 6.45 所示。

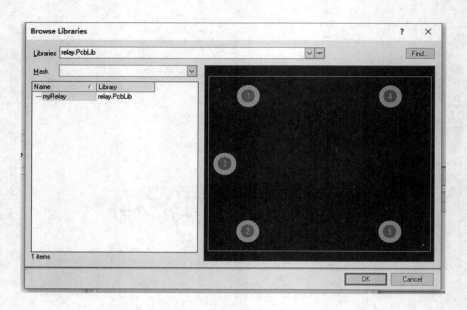

图 6.45　选择自定义库

由于只设计了一个库元件，所以选择库文件后立即显示名为 myRelay 的继电器元件。选中这个元件一路点击 OK，则在"库元件属性"对话框的 Models 中可以见到这个封装，如图 6.46 所示。

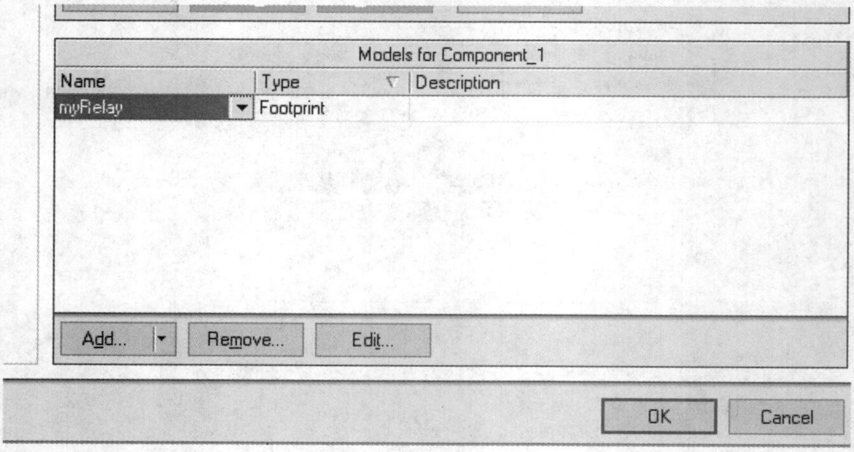

图 6.46　选中封装

最后点击 OK，继电器的原理图库元件与 PCB 库元件中的封装形成了联系，这样以后在绘制原理图与 PCB 时就不会出现任何问题了。

第五步：绘制原理图。设计了继电器元件的原理图库元件与 PCB 库元件，并且将元件的封装形成了联系后，继电器模块设计的原理图便设计完成，如图 6.47 所示。

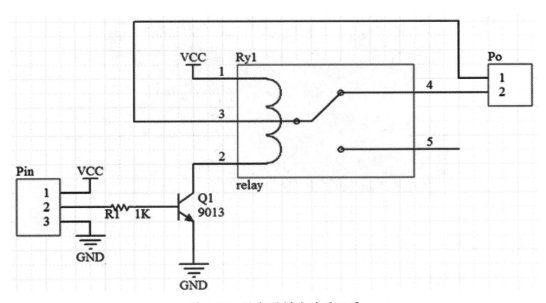

图 6.47　继电器模块的原理图

　　图 6.47 中继电器元件的 3 号引脚与接口 Po 的 1 号引脚相连，但实际上这种画法比较麻烦，因为线路很长，简单一点的做法是使用 Place—Net Lable 命令，Net Lable 表示网络标号，具有相同网络标号的位置在线路上是连在一起的。优化之后的最终原理图如图 6.48 所示。

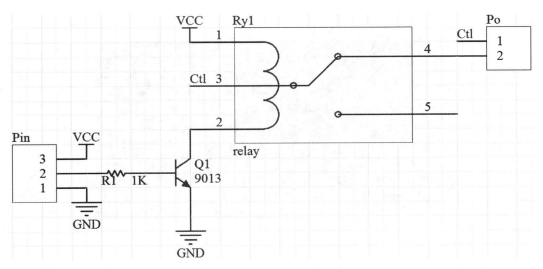

图 6.48　优化后的原理图

　　第六步：由原理图导出 PCB 图。完成原理图设计之后，依照前面章节的步骤进行编译，并初步导出 PCB 图，如图 6.49 所示。

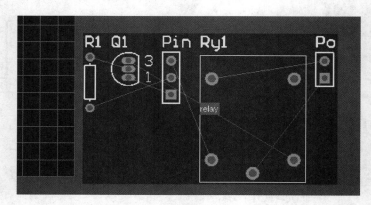

图 6.49　由原理图导出的 PCB 图

图 6.49 是初步的 PCB 设计图，下一节将说明如何进行 PCB 设计。

6.2.2　电路板设计

完成了从原理图导出 PCB 图之后，即进入 PCB 的设计。通常继电器模块的 PCB 设计的步骤为：元件位置布局、画出模块的外部边界、修改实际电路板边界、手动布线、电气规则检查等。

（1）元件布局

典型的元件布局方式依据输入信号与输出信号连接的方向。由于模块需要对外连接线路，那么接口一定要放到模块的两边，以便于后续插线。典型的元件布局如图 6.50 所示。

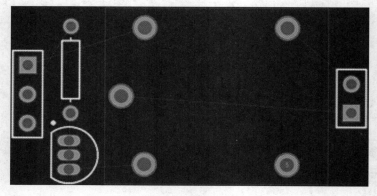

图 6.50　一个典型的元件布局

由图 6.50 可知，左边是三个引脚的输入端，右边是两个引脚的受控端。这种布局的优点是本模块与其他模块连接时插线比较方便。

（2）绘制电路板的外部边界

元件布局结束后，应该确定电路板的外观，点击 DXP 软件 PCB 设计器底部的 Keep-Out Layer。在这一层使用 Place—Line 命令画出模块的电路板外部边界，注意默认的外部边界线是粉红色的。画完边界线的图如图 6.51 所示。

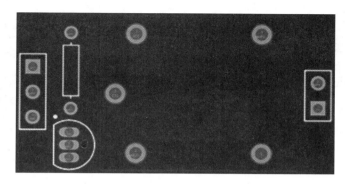

图 6.51　绘制电路板外边界图

（3）裁剪电路板

为了更方便布线，除了在 Keep-Out Layer 层绘制电路板外边界外，还应该将电路板裁剪成适当大小，裁剪电路板顺着 Keep-Out Layer 层绘制的外边界进行。使用 Design—Board Shape—Redefine Board Shape 命令进行裁剪，其基本操作与绘制电路板外边界操作近似。裁剪之后的图如图 6.52 所示。

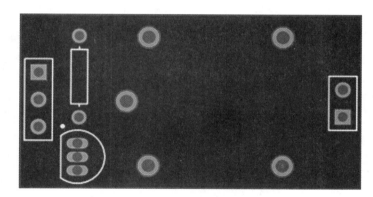

图 6.52　裁剪好的电路板

（4）手动布线

完成电路板外形的裁剪之后，需要手动完成布线工作，对于这类数字与模拟混合的模块电路，一般的布线法则如下：

1）电源线与底线加粗，通常为 0.5mm ～ 1mm。

2）信号线保持不变，为 10mil=0.254mm。

3）受控端的线路可能为 220V 交流，因此受控端的线路至少为 1mm 以便承受较大功率。

4）尽可能在底部布线。

5）数字信号电路的常规过孔为内径 0.3mm，外径 0.5mm。

为了满足上述几个要求，首先设置布线规则。点击 Design—Rulers，在弹出的对话框中点击 Routing—Width，在 Width 中设置 Max Width（最大线宽）为 2mm，如图 6.53 所示。

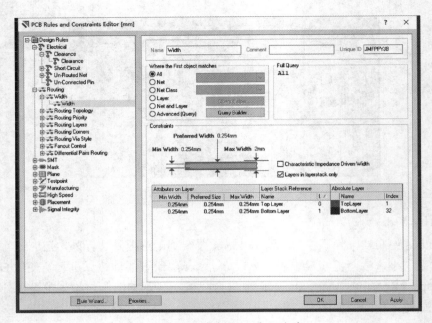

图 6.53　设置布线的最大线宽

设置过孔的孔径，点击 Routing—Routing Via Style—Routing Vias，将 Via Diameter（外径）参数全部设置为 0.5mm，Via Hole Size 参数全部设置为 0.3mm，如图 6.54 所示。

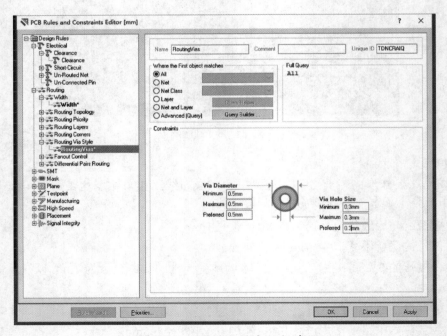

图 6.54　设置过孔的内径与外径

注意，底部布线应该选中设计器底部的 Bottom Layer 标签，一个比较常用的布线参考图如图 6.55 所示。

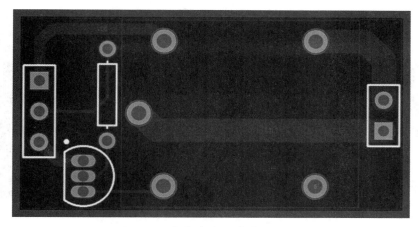

图 6.55　完成布线的参考图

（5）简单抗干扰设计

一般的电路设计都应该具有一定的抗干扰设计，常用的简单的抗干扰设计技术为覆铜。覆铜只需要在数字电路部分实施即可，那么对于图 6.56 中完成了布线的参考布线图而言，左边带有三极管的电路为数字电路，因此可以使用 Place—Polygon Pour 命令进行覆铜处理。在弹出的覆铜对话框中的 Connect to Net 的下拉列表中选择 GND，表示覆铜全部接地，即覆铜的都是地线，这种满覆铜地线的方式是一种标准的数字电路抗干扰硬件设计方法，如图 6.56 所示。

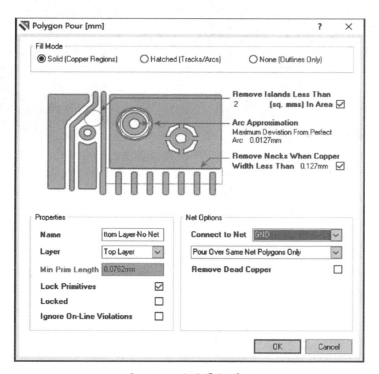

图 6.56　设置覆铜属性

在点击 OK 之后覆铜操作开始，正面与反面均需要覆铜，且均要设置为 GND。正反面覆铜的布线图如图 6.57 所示。

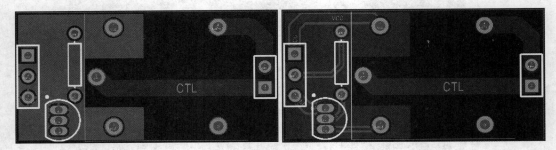

图 6.57　正反面覆铜

（6）丝印层标注

为了方便后续电路板的焊接，要注意元件不能接反、接口的线路与插脚不能接错等问题，还需要在丝印层上标注清楚元件的信息。使用 Place—String 命令进行标注操作，注意丝印层在 Top Overlay。丝印层标注完成后的图如图 6.58 所示。

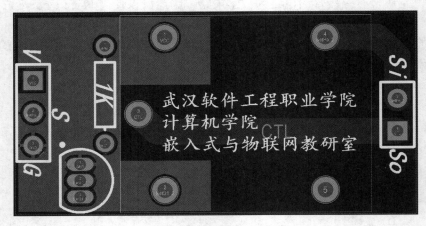

图 6.58　丝印层标注完成

> **注**
>
> 　　丝印层上的文字应当标注到底层丝印层，这里为了使读者方便看到丝印层的标注而将其标注在表层。当安装继电器元件后，文字会全部被元件遮挡住，读者在设计时应当注意这些细节问题。

（7）电气规则检查

完成了上述工作之后，最后的一个步骤就是电气规则检查，主要是为了检查线路是否全部连接成功，以免有布线遗漏。点击 Tools—Design Ruler Check，打开"规则检查"对话框，如图 6.59 所示。

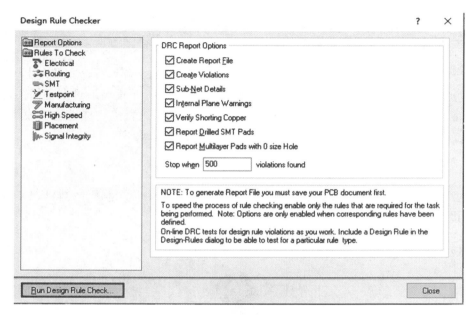

图 6.59　"规则检查"对话框

点击左下角的 Run Design Rule Check 按钮，执行结果如图 6.60 所示。

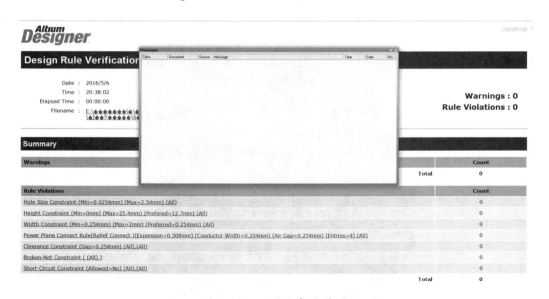

图 6.60　规则检查结果图

需要查看的参数为倒数第二项：Broken-Net Constraint ((All))。该项目后面的 Count 栏为 0，表示没有未连接的线。Broken-Net Constraint ((All)) 的意思是：所有未连

接的网络。

至此，电路设计部分已经全部完成。下一节我们主要考虑如何实现这个硬件模块。

上一节完整地介绍了使用 DXP6.9 软件进行电路设计的全部过程，本节在上一节的基础上，通过常用的电路制作材料来焊接与实现继电器模块。下面就通过准备相关硬件、焊接电路与调试电路、软件代码的编写与实际测试等几个过程来完成继电器模块的整个实现过程。

6.3.1　硬件准备

焊接一个继电器模块需要准备的电子元件有：万能板（俗称洞洞板）、排针、1K 电阻、9013 三极管、继电器等。

9013 三极管及引脚功能如图 6.61 所示。

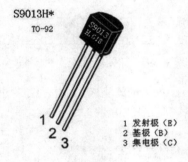

图 6.61　9013 三极管

注意原理图上的引脚顺序正好是 1-E、2-B、3-C，由于设计原理图与 PCB 时使用的是库元件，所以不会出现引脚错位的情况。

继电器模块的核心元件是继电器，继电器实物图如图 6.62 所示。

图 6.62　继电器实物图

与光电传感器模块一样，为了完成本模块的焊接工作，还需要准备一些对应的工具与设备，如电烙铁、焊锡丝、镊子、尖嘴钳、万用表等。注意尽量选择质量可靠的材料，尤其是万能板。

6.3.2　硬件焊接与调试

硬件焊接的目的是尽最大的可能焊接出问题尽可能少的硬件电路板。通常，焊接电路板的大致原则如下：

（1）观察电路板的焊盘、布线、过孔等是否完整。

（2）观察电路板是否有短路现象，强烈推荐依照 PCB，以模块为单位，每个子线路均仔细查找一遍。

（3）依据 PCB 与元件实物，每个元件的封装均对照仔细检查一遍。

（4）使用万用表检测电路板是否存在短路现象。

（5）以上对照无误或是问题已经解决之后，开始焊接。焊接时推荐电烙铁调整至 300℃。焊接时电烙铁不能在焊盘上停留过长的时间，一般焊接一个点停留时间在 3 秒钟之内。

（6）元件全部焊接完毕之后，仔细观察每个焊点是否有虚焊现象，若有则补焊。

（7）再次使用万用表检测是否存在短路现象。

（8）通电测试。

对于本模块，焊接电路板依照如下几个步骤来完成：

（1）观察电路板的焊盘、布线、过孔等；万能板只需要观察焊盘是否完整。

（2）使用 DXP 软件作为参考规划元件位置与布线。

（3）使用电烙铁焊接。

（4）使用万用表检测电路板是否短路。

下面就依据上面的几个步骤来详细解释焊接过程。

第一步：观察万能板的焊点的完整情况。这里尤其要注意有很多万能板因放置时间较长，焊盘存在氧化迹象，因此可能需要使用工具（例如小裁纸刀）稍微刮一下焊盘表面，把氧化层刮掉以便于焊接。

第二步：对照 PCB 图来规划元件的布局与位置，对照图如图 6.63 所示。

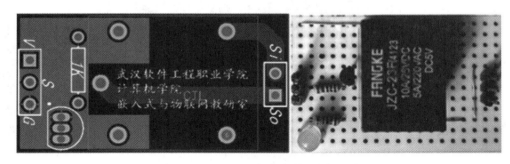

图 6.63　PCB 图与实物布局对照图

第三步：使用电烙铁进行焊接，焊接之后的实物图如图 6.64 所示。

图 6.64　焊接完成图（左边为底层，右边为顶层）

第四步：使用万用表检测模块是否短路。将万用表调整至蜂鸣器挡，将任意正负表笔分别连接到电源与地线，若存在短路现象则万用表报警，若不存在短路现象则万用表不会报警。实际检测如图 6.65 所示。

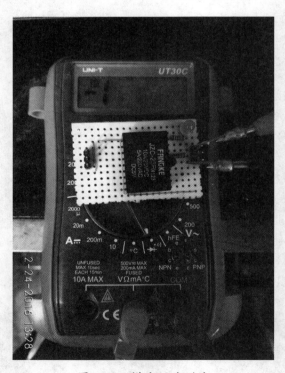

图 6.65　模块短路测试

通过上述步骤应基本能够完成该模块的设计与实现，多数硬件设计与实现的基本步骤均为先进行设计然后进行实现，制版完成之后即为焊接与调试。下一节我们将继续使用简单例子的方式来调试该模块，其目标为确保该模块的基本功能实现。

6.4　模块测试

继电器模块硬件焊接完成之后，首先应该对它进行硬件测试，然后进行软件测试。硬件测试是直接采用电路驱动的方式测试它的工作情况，当硬件基本功能正常之后，再进行软件测试。软件测试就是编写一段代码控制继电器模块工作。

（1）继电器模块的硬件测试

继电器模块硬件测试的方法比较简单，但是需要通过对照原理图来考虑测试方法，并参考 PCB 图来找到测试点。在图 6.48 中详细说明了继电器的工作是由三极管 9013 驱动的，在 9013 三极管的基极给其一个信号"1"，则继电器会闭合，如果继电器比较大且电路正常工作，会听到吸合瞬间的声音。由于基极连接了一个电阻 R1，电阻 R1 连接接口 Pin，因此该信号实际上由接口 Pin 中的 2 号引脚来提供。那么，引入一个信号"1"到接口 Pin 中的 2 号引脚即可实现硬件测试。信号"1"就是单片机开发板上的 5V 信号，因此只需要一根跳线就可以解决问题。由 Pin 引脚在 PCB 图中的位置可知，左边的三孔接口的中间一个引脚就是我们需要引入信号的位置。由实际焊接的模块可知，三针接口的中间针即是信号引入端口，至此，我们大致知道该如何进行硬件测试了。将模块电源与地线连接至开发板底板，然后在开发板上找一个 5V 电源针，引一根跳线到开发板上的这个 5V 电源针，另外一头轻接继电器模块的信号针，如果能够听到吸合的声音则表示该模块初步检测正常，可以转入下一个步骤进行软件测试了，实际测试如图 6.66 所示。

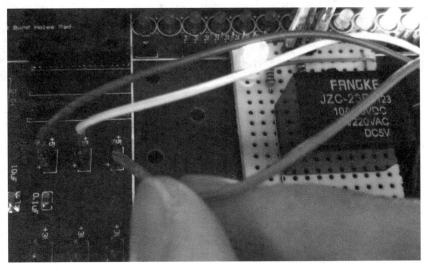

图 6.66　继电器模块硬件测试

（2）继电器模块的软件测试

采用编写软件的方式对继电器模块进行的测试步骤与光电传感器模块测试的步骤相同，下面就依照此步骤来进行模块的测试工作。

第一步：连接硬件模块到核心板，其中硬件模块的电源线与地线连接到核心板的电源与地线，数据线随便连接到核心板的某一个引脚，本例连接到 P1.0，即核心板上标注为 P1.0 字样的引脚上。连接好的示意图如图 6.67 所示，实物图如图 6.68 所示。

图 6.67　连接示意图

图 6.68　连接实物图

第二步：新建一个工程并编写代码，过程与前述章节一致。由于需要测试的模块为继电器模块，该模块为输出模块，由单片机提供输出信号。因此编写的测试代码只需要能够交替发送该信号即可。其算法如下：

算法 6.1　对继电器模块发送控制信号

在无限循环中做
　　打开继电器
　　延时
　　关闭继电器
　　延时

程序 6.1　部分参考代码

```
while(1)
{
        Relay = 1;
        delay(3000);
        Relay = 1;
        delay(3000);

}
```

第三步：编译软件并生成 HEX 文件。此处建立工程，编写代码编译与生成 HEX 文件即可。

第四步：下载 HEX 文件到核心板。

第五步：观察模块的基本行为是否正确，若不正确则从第一步开始查找问题。

上述实验成功的现象为：继电器模块交替发出开关闭合的声音，具体实验现象如图 6.76 所示。

图 6.69　实验现象图

在图 6.69 中，P1.0 口的 LED 灯会交替亮灭，同时继电器模块会连续发出吸合的声音。如果实验能够做到这个程度，则表明该模块是没有任何问题的。

6.5　本章小结

本章重点介绍了如何实现一个继电器模块。6.1 节主要说明本模块的设计目标与基本要求；6.2 节重点阐述使用电子电路设计软件对继电器模块进行原理图与 PCB 的设计工作；6.3 节主要说明如何实现继电器模块。

本章的重点内容总结如下：

（1）继电器模块的基本规范。

（2）使用 DXP 软件进行继电器模块的原理图与 PCB 的设计。

（3）使用万能板实现硬件的规划与具体实现过程。

（4）模块的软硬件联合调试。

实际上，一般的商用继电器上均可以接受 5V 的电源驱动，但需要被测试者近距离遮挡继电器才能使其有反应，一般继电器的后端有 LED，遮挡有效则该 LED 会亮起。本质上本模块不需要该继电器的三根线便可以直接连接到任意的开发板上。本章的目标是完成一个简单的硬件模块从设计到实现的全部过程，因此这里对于是否有必要完成本模块就不作深入讨论。

【项目实施】

E6.1 使用 DXP 软件画出 songle5VDC:250VAC 继电器模块的原理图与 PCB

E6.2 使用万能板焊接 songle5VDC:250VAC 继电器模块

E6.3 提交全部项目资料

第 **7** 章
简单入侵检测系统

简单入侵检测系统是本书讲解的第一个简单测控系统，该系统是在前面学习的简单模块的基础上，通过组合硬件完成简单测控系统硬件的设计与实现，然后编写简单代码来了解简单入侵检测系统的工作。本章的主要顺序为：第一，直接给出简单入侵检测系统的项目规范，其中包含需要实现的具体功能；第二，使用计算机电路设计软件进行电路设计；第三，实际搭建该简单入侵检测系统；第四，通过编写控制代码来对该简单入侵检测系统进行测试与使用。

本章需要掌握的要点如下：
- ✓ 简单入侵检测系统的架构设计
- ✓ 简单入侵检测系统的搭建与测试
- ✓ 使用 C 语言编写软件实现简单入侵检测系统的行为

本章需要了解的要点如下：
- ✓ 简单入侵检测系统的基本原理
- ✓ 简单入侵检测系统的简单项目规范

7.1 简单入侵检测系统简介

简单入侵检测系统用于检测非法入侵，如防止外界非法入侵的红外栅栏。当用户在院墙附近安装红外栅栏后，如果有非法用户翻墙入内碰触到红外栅栏的红外线信号后，系统会检测到该信号被触发，由系统软件控制交流继电器闭合，声光报警装置通电并启动，此时声光报警装置闪烁且警铃响起。系统以此种方式通知户主并警告入侵者，起到简单的安全防范作用。实际中的入侵检测系统远比上述应用场景复杂，还包括遭受入侵之前的警告提示，遭受入侵时的物业预警、报警、拍照取证、用户实时告知等行为。安防系统实例如图 7.1 所示。

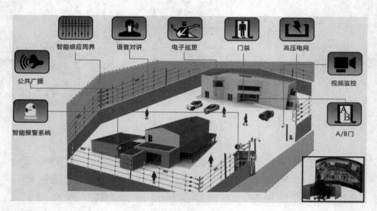

图 7.1 安防系统演示实例

图 7.1 演示了一个带有周边防护的工厂安防体系，其中有智能报警系统、公共广播系统、智能感应边界扫描系统、语音对讲系统、电子巡更系统、门禁管理系统、高压电网防护系统、视频监控系统、双门系统，以及室内监控值守机房等多个子系统。由这些子系统共同组成了一个严密、可靠、完整的安防监控体系，这是一个完整的实际应用案例系统。请注意一个要点，一个人的力量无法实现上述完整系统的设计、研发、实现、生产以及安装调试的全部过程，但在学习嵌入式与物联网整体体系的过程中不仅需要研发某个产品点，而且需要从整体系统的角度去理解整个系统的整体架构。这一点非常重要，这是一个专业技术人员从基本技术学习向专业技术管理转变的必经之路。所以从这个角度看，学习与实践专业技术过程是任何一个依赖专业技术从事工作的人都不可避免的。

　简单入侵检测系统设计目标与项目规范

7.2.1　简单入侵检测系统的设计目标

本章需要完成一个非常简单的入侵检测系统，该系统主要依据前两章设计的光电开关模块与继电器模块来完成。当有物体到达光电开关模块前方且在光电开关检测范围之内，则检测有效，此时，继电器启动并闭合。通常光电开关模块可以直接控制一个报警装置，如 220V 的警铃。继电器闭合的同时，开发板上的一排 LED 开始闪烁。当物体离开光电开关的检测范围时，系统恢复正常。上述过程可多次重复。简单入侵检测系统的基本系统架构如图 7.2 所示。

图 7.2　简单测控系统的架构

由图 7.2 可知，光电传感器模块负责输入信号到单片机主控系统，然后由主控系统控制继电器与 LED 模块。图中都是单向信号传输箭头，表示了信号的单向传输特性。这里光电传感器模块输入信号到单片机主控系统是单向的，也就是说光电传感器模块不需要单片机主控制系统回复它是否接收到该信号；同样，单片机主控系统传递到继电器模块与 LED 模块的信号也是单向的，它也不用知道继电器模块与 LED 模块是否收到信号或是命令是否被正常执行。这些模块都不带可编程功能，因此直接控制是最佳选择。如果需要知道其执行情况如何，则需要改变电路设计，或是使用可编程的模块。对于这一点，初学者只需要有这种概念即可，在今后对嵌入式系统逐步深入的学习过程中，会慢慢接触到这类知识。实际应用中可编程模块与不可编程模块是根据应用场合混合使用的。

7.2.2　简单入侵检测系统的项目规范

[任务名称] 简单入侵检测系统设计要求。

[目标简述] 完成简单入侵检测系统的设计与实现。

[具体功能]

（1）自行设计简单入侵检测系统的原理架构图。

（2）依照设计的原理架构图来连接系统电路板，并测试该电路板硬件是否正常，简单入侵检测系统信号线连接到 P0.0 口上，控制线连接到 P1.0 口上。

（3）编写简单代码测试继电器电路板，简单入侵检测系统接收到信号"1"，则继电器跳开（会有声音）；接收到"0"信号，继电器跳回原来状态；重复此循环。

［要求］

（1）必须写出算法文档（中文、伪代码均可）。

［注意］

1）主程序一个算法。

2）每个子程序（函数）各自一个算法。

（2）必须画出程序流程图。

［注意］

1）主程序一个程序流程图。

2）每个子程序（函数）各自一个程序流程图。

（3）源代码上交与注释规范。

1）硬件测试文档，硬件测试文档上交文件名为：

XXX 硬件测试文档 .DOC。

2）必须给出软件代码测试的测试用例表格，软件代码测试文档上交文件名为：

XXX 软件测试文档 .DOC。

3）必须给出实体系统功能的功能说明书，功能说明书上交文件名为：

XXX 功能说明书 .DOC。

4）原理图、PCB 文档。原理图与 PCB 文档依照要求完成即可。

5）本项目完成过程中的问题文档，上交文件名为：

问题文档 .DOC。

6）讲解 PPT，讲解 PPT 上交文件名为：

模块项目讲解文件 .PPT。

7）全部文档资料整理打包，文件名为：

序号 _ 姓名 .rar。

［注意］序号 _ 姓名 .rar 打包文件目录列表：

① XXX 算法文档 .DOC。

② 程序流程图 .DOC。

③ XXX.C。

［注意］源代码需要达到如下要求：

- 源代码中最上面一行加一个注释，写上：序号 _ 姓名。
- 源代码关键位置给出注释。
- 函数的开始处写上注释。

④ XXX 硬件测试文档 .DOC。

⑤ XXX 软件测试文档 .DOC。

⑥ XXX 功能说明书 .DOC。

　　⑦ 原理图与 PCB 文件。

　　⑧ 问题文档 .DOC。

　　⑨ 模块项目讲解文件 .PPT。

7.3　硬件系统设计与实现

　　本章的目标是设计与实现一个简单的入侵检测系统，即使对软硬件操作不是特别熟练的读者也只需要几个小时就可以完全实现。结合前面几个简单模块的设计与实现过程，假设这些小模块在一个主控系统上，本章的设计与实现在极短的时间内就可以完成。因此，读者可以在很短的时间内对系统的整体设计与实现过程有个初步的了解。

　　图 7.2 只给出了一个很简单的测控系统的大致架构，但是很多关键问题没有解释清楚。

　　硬件部分：

　　（1）光电传感器模块与单片机主控系统如何连接？

　　（2）继电器模块与单片机主控系统如何连接？

　　（3）LED 模块与单片机主控系统如何连接？

　　软件部分：

　　（1）整个系统的行为是什么？

　　（2）光电传感器模块对整个系统而言有什么用？如何用？

　　（3）继电器模块对整个系统而言有什么用？如何用？

　　（4）LED 模块对整个系统而言有什么用？如何用？

　　（5）如何编程？

　　对于这个“微型”的演示系统而言，这些问题通常也代表了很多大型设计中应当考虑的一些类似的问题，以此作为简要说明设计思路中的典型障碍，在下面的小节中我们将逐一解决这些问题。

7.3.1　原理设计

　　首先解决硬件部分的三个主要问题，解决这些问题的依据是图 7.2 简单测控系统的架构，该架构体现了硬件设计的大体思想。这里讨论实现该设计思想的详细思路与解决方法。三个问题回顾如下：

　　（1）光电传感器模块与单片机主控系统如何连接？

　　（2）继电器模块与单片机主控系统如何连接？

　　（3）LED 模块与单片机主控系统如何连接？

　　首先解决光电传感器模块与单片机主控系统的连接问题。这个问题可以从四个方面进行分析。光电传感器模块的引脚有几个？是哪几个？单片机能够提供何种方式与其连接？怎么连接？

　　光电传感器的原理图如图 7.3 所示，该图清晰地显示了光电传感器模块有三根线，三根线从上至下分别是电源线、信号线和地线。我们再来参考图 7.4 所示的 PCB 图。

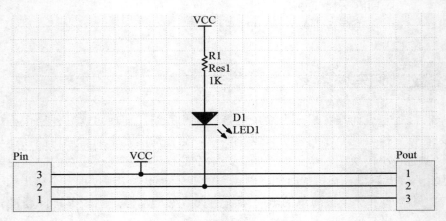

图 7.3　光电传感器的原理图

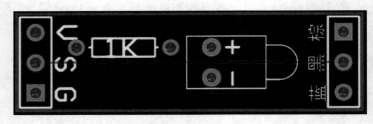

图 7.4　光电传感器的 PCB 图

　　PCB 图中左边的接口分别说明了三根线的用途：V 表示电源线、S 表示信号线、G 表示地线。这三个接口就是连接单片机主控电路的接口。因此，单片机主控板需要提供三根线来分别作为电源线、地线和信号线。其中最重要的一根线就是信号线，信号线要连接到单片机的某一个 I/O 引脚上，这是因为单片机需要去读取这个信号，否则单片机系统怎么知道光电传感器被触发了。经过整理之后的示意图如图 7.5 所示。

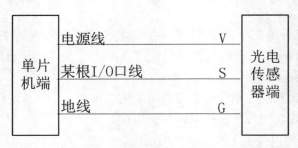

图 7.5　单片机端与光电传感器模块端的连接方法

　　然后解决继电器模块与单片机主控系统的连接问题。这个问题的解决思路与第一个问题类似。继电器的原理图与 PCB 图如图 7.6 所示。

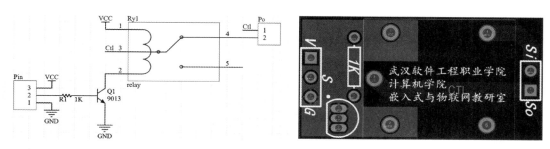

图 7.6　继电器原理图与 PCB 图

同样，从图 7.6 可以看出，左边原理图中的 Pin 接口只有三根线，这三根线对应右边 PCB 图中左边的三引脚接口，该接口中三根线分别为 V、S、G。与光电传感器模块相似，只是这次信号线 S 不是单片机去读取而是单片机去发送控制信号，但原理上是相同的。因此，单片机端与继电器模块端的连接方法与光电传感器模块完全一致，如图 7.7 所示。

图 7.7　单片机端与继电器模块端的连接方法

最后解决 LED 发光二极管模块与单片机主控系统的连接问题。由于本书采用的单片机主控板上带有 LED 发光二极管，因此只需直接编程控制即可。读者后续也可以自行设计 LED 发光二极管模块，段码 LED 模块或点阵 LED 模块均可。

上述问题看似复杂，读者如果能够尝试动脑思考，即能够找到解决问题的简单方法。任何系统化设计的方法都强调简单、可能、稳定地解决问题，而不是把简单问题复杂化，这一点请读者在后续的学习中需要特别注意，学习技术的关键目标是解决问题，因此分析问题和解决问题的能力比纯粹的技术学习更重要。

7.3.2　硬件实现

将硬件连接后可实现 7.3.1 节中的设计方案，以便于在 7.4 节中进行简单的软件控制，达到基本的测控目标。

（1）连接光电传感器模块到单片机主控板上。

连接光电传感器模块到单片机主控板，需要将光电传感器模块的电源线、信号线、地线分别连接到单片机主控板上。在单片机主控板上需要找到电源线 V 引脚、地线 G 引脚，并且确定一个合适的 I/O 引脚来连接光电传感器模块的信号线。设计采用单片机开发板上有 +5V 标号的几组电源来连接光电传感器模块的电源线与地线，注意当板上提供电源较多时应将线路尽量错开连接防止短路。连接示意图如图 7.8 所示。

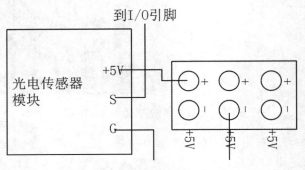

图 7.8 连接示意图

注意所谓的"错开"的含义，由于提供的 +5V 电源有三组（假定有三组，根据使用的电路板实际提供的电源个数而定），则可以采用这种将电源线连到 + 引脚，地线连接到 – 引脚的策略，不用并排连接。错开策略最大的好处是有效防止连根连接线因在使用过程中连接不稳定而导致的短路问题。连接上光电传感器模块的单片机主控板实物图如图 7.9 所示。

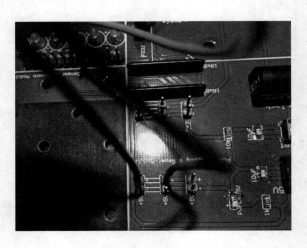

图 7.9 实际连接图

（2）连接继电器模块到单片机主控板上。

连接继电器模块到单片机主控板，需要将继电器模块的电源线、信号线、地线分别连接到单片机主控板上。在单片机主控板上需要找到电源线 V 引脚、地线 G 引脚，并且确定一个合适的 I/O 引脚来连接继电器模块的信号线。本设计采用单片机开发板上有 +5V 标号的几组电源来连接继电器模块的电源线与地线，注意当板上提供的电源较多时将线路尽量错开连接防止短路。连接示意图如图 7.10 所示。

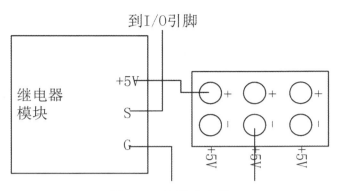

图 7.10   连接示意图

这里错开连接的目标也是为了尽可能地防止短路。当主控板上的模块连接较多，且跳线较多时，物理连线不可能那么稳定，所以使用这些策略会更好的避免问题发生。连接上继电器模块与光电传感器模块的整体单片机主控板实物图如图 7.11 所示。

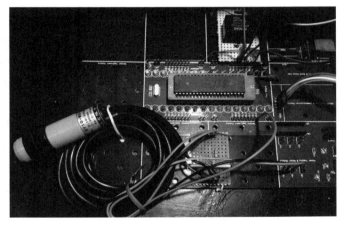

图 7.11   实际连接图

（3）使用万用表测试线路是否短路、电压是否正常等。

物理线路连接完成之后，需要使用万用表来检测连接是否正常，注意这种检测只是初步检测，不要给电路通电，这是通电之前的严重故障预防方法。简单沿用前述的方法来完成测试，主要目标在于测试中两个可能出现的严重问题：第一个问题是电源线与地线是否短路，第二个问题是左边引脚与右边引脚的连接是否正常。

第一个问题的检测方法与前述使用万用表进行电源线与地线的通断检测方法完全一致，只是注意万用表需要打到蜂鸣器挡，如果存在短路现象则万用表会发出警告。当出现短路现象时，一般是接触不良导致的，电源线 +5V 与地线 G 的错开连接能有效减少这类现象的发生。

第二个问题的检测方法也是一样，只是需要把万用表的两只表笔分别连接在模块的引脚点与单片机主控板的连接点上，万用表打到蜂鸣器挡。如果蜂鸣器响起则表示连接的这根线是正常的，否则可能没有连接好，此时需要排查是否是线本身存在内部断裂等问题，最直接的办法是换线。

在完成上述步骤之后需要使用万用表对整个系统的电源线与地线进行测试，如果没有短路则可以开始进行初次通电测试工作。

（4）初次通电检查。

如果能够正确排查全部问题走到第四步，则说明硬件连接大体上是没有问题的，则此时应该大胆进行通电检测。在第三步中最后对整个系统的电源线与地线使用万用表蜂鸣器挡测试发现无短路现象，则说明这个系统是不存在短路现象的，通电之前读者应当对系统通电过程有信心。在通电测试时，可以用手试探主要芯片（如 51 处理器）是否发烫。如果没有出现发烫、打火、冒烟等异常现象，大体上认为可以开始进入后续软件程序设计阶段的工作。

7.4　软件系统设计与实现

限于介绍的便捷考虑与篇幅原因，本章不打算设计相对复杂的系统行为，只设计与实现一个简单的系统软件，以便于读者初步了解这种简单闭环控制系统的行为。闭环控制是控制论的一个基本概念。所谓"闭环控制系统"，即指作为被控的输出以一定方式返回到作为控制的输入端，并对输入端施加控制影响的一种控制关系。在控制论中，闭环通常指输出端通过"旁链"方式回馈到输入端，即闭环控制。输出端回馈到输入端并参与对输出端的再控制，这才是闭环控制的目的，这种目的是通过反馈来实现的。本章介绍的简单入侵检测系统，输入的信号为"0""1"信号，受控的信号为开关信号（事实上也是"0""1"信号）。即：通过不断检测输入的信号，根据输入信号的情况进行判断，然后发送信号给控制端，并根据输入信号的变化来发送不同的数据给控制端，以实现根据输入信号进行调整并控制输出端。虽然本检测系统不是严格的闭环控制系统，但是具备了闭环控制系统的基本雏形。读者在以后的深入学习中会发现，闭环控制思想被广泛用于工程设计中，它并不仅仅局限于在计算机科学领域中应用。下面我们就来一步一步实现软件算法，并希望用该算法编写的程序对硬件系统进行简单而有效的测控工作。

7.4.1　算法设计

根据简单入侵检测系统的设计目标来简单分析满足设计要求的系统行为。该系统行为需要实现以下几个功能：

（1）系统能够正确接收光电传感器模块采集的外部信号。

（2）系统能够控制继电器模块的闭合与断开。

（3）系统能够控制主控板上 LED 的开关。

（4）当没有物体挡在光电传感器模块前时，无外部信号触发，系统没有任何变化；当有物体挡在光电传感器模块前时，有外部信号触发，系统启动继电器，LED 灯闪烁

模拟报警；当挡在光电传感器模块前的物体离开时，系统关闭继电器，LED 灯停止闪烁。（注意该过程需要持续一段时间）

　　根据上述基本功能的描述，可以大体抽取出该系统的基本行为，其过程可以使用简单算法，算法描述如下：

算法 7.1　简单入侵检测系统行为描述算法

```
算法：简单入侵检测系统行为描述算法
输入：无
输出：无
    第一步：当没有外部信号被触发时，等待光电传感器外部信号被触发；
    第二步：开启继电器
    第三步：开启 LED 闪烁
    第四步：延时一段时间
    第五步：关闭继电器，关闭 LED。
    第六步：重复上述循环
```

　　注意，上述简单算法中第二步就启动了系统报警行为。那是因为第一步说到了"当没有外部信号被触发时，等待光电传感器外部信号被触发"，因此第一步是一个循环等待的过程，如果第一步都没有实现的话，不会到第二步。换句话说，只要到了第二步，说明第一步一定是光电传感器模块的外部信号被触发，也就是有某个物体挡住了光电传感器头，事实上就是某种入侵行为发生了，因此开启继电器，开启 LED 闪烁用于报警是必要的。为了这个过程能持续一段时间，在第四步应该返回第一步继续查看该物体是否还在那里，如果还在，则继续此过程，以起到持续报警的目的。使用 C 语言描述该算法如下：

程序 7.1　算法的 C 语言描述

```
while(1)
    {
        while(!invade);
        RELAY = 1;
        blinkLed();
        delay(3000);
        RELAY = 0;
    }
```

　　至此，简单的入侵检测系统的算法已经全部介绍完毕。这里介绍的例子是很简单的，但是读者需要了解到实际中的例子远比这个例子复杂，读者也可以自行修改设计与实现算法，以达到初步应用的目的。

7.4.2 软件设计

完成了算法的设计后，便可以进行软件设计。首先需要建立一个空文件夹来存放这个工程全部的文件，建议读者不要在计算机的 C 盘建立这个文件夹。

第一步：建立工程文件，点击 Project—New Project，如图 7.12 所示。

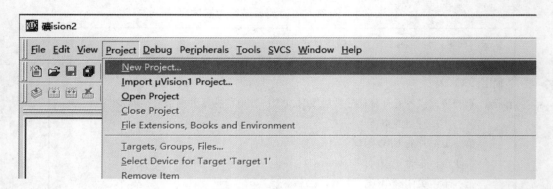

图 7.12　创建新工程

在弹出的对话框中输入工程名，本例的工程名为 SimCtrlSys，如图 7.13 所示。

图 7.13　输入工程名

找到刚刚建立的文件夹，保存这个文件，本例中的全部文件均保存到 Code 文件夹下。点击"保存"后会弹出"选择处理器"对话框（注意这个对话框需要正确导入了 STC 数据库才会出现），如图 7.14 所示。

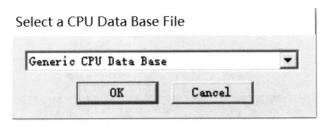

图 7.14　"选择处理器"对话框

在下拉框中选择 STC MCU Database，如图 7.15 所示。

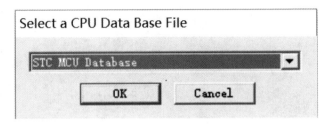

图 7.15　选择 STC 数据库

然后点击 OK，在列表中找到 STC89C52RC 处理器型号，如图 7.16 所示。

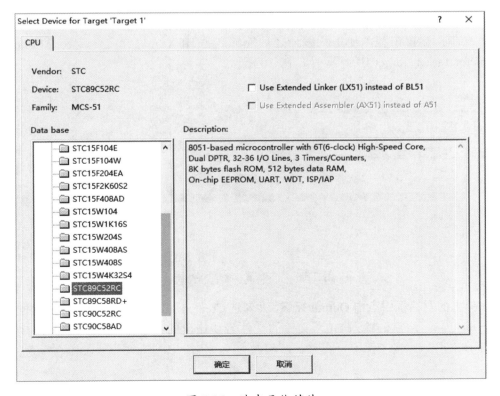

图 7.16　选中具体芯片

点击"确定"，到这里就完成了工程的基本建立。完成后的软件界面如图7.17所示。

图 7.17　完成工程建立

第二步：配置工程，使工程编译之后能够产生 HEX 可执行文件。点击 Project—Options for Target 'Target 1' 命令，如图 7.18 所示。

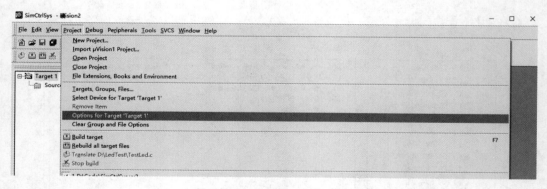

图 7.18　"配置工程"命令

在弹出的对话框中点击 Output 标签，并勾选 Create HEX File Hex Format 复选框（点击一下即可）。注意，输入 HEX 文件的文件名和输出的目录都是可以修改的，如图 7.19 所示。

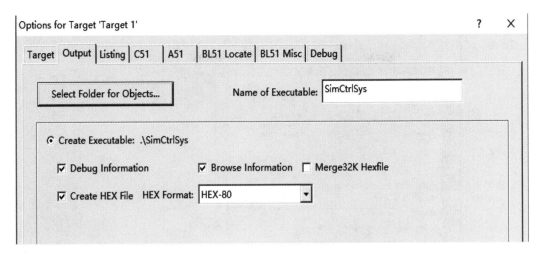

图 7.19　修改输出目录与文件名

在图 7.19 中，左边 Select Folder for Objects… 目录是可以自行选择的，右边 Name of Executable 为可执行文件名，也是可以修改的。

完成上述配置之后，就可以点击"确定"，完成工程的配置。

第三步：创建工程中的 C 语言代码文件并添加到工程。点击 File—New 命令来创建一个空的编辑文件，如图 7.20 所示。

图 7.20　新建空的 C 文件

这里的 File—New 命令新建的是一个空白的文本，需要保存为 .C 文件。点击 File—New 命令之后，可直接使用 Ctrl+S 组合键来保存文件，并为空白的 C 文件取一个文件名，如图 7.21 所示。

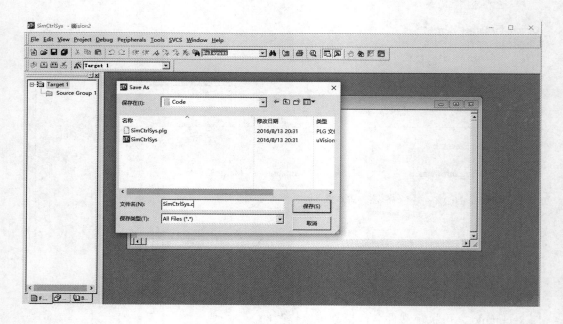

图 7.21　保存空白的 C 文件

　　C 文件的文件名为 SimCtrlSys.c，这个文件名是可以任意修改的。为了统一规范，建议 C 语言源代码文件名与工程名一致，仅用后缀名区分。然后点击"保存"按钮保存空白文档。在 Source Group 1 上点击右键，选择 Add Files to Group 'Source Group 1'，添加刚刚新建的 C 文件到工程中，如图 7.22 所示。

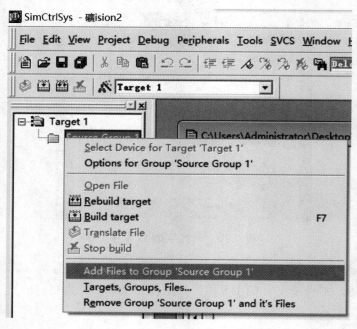

图 7.22　"添加文件到工程"命令

在弹出的对话框中选择 SimCtrlSys.c 文件，然后点击 Add 按钮，即添加成功，如图 7.23 所示。

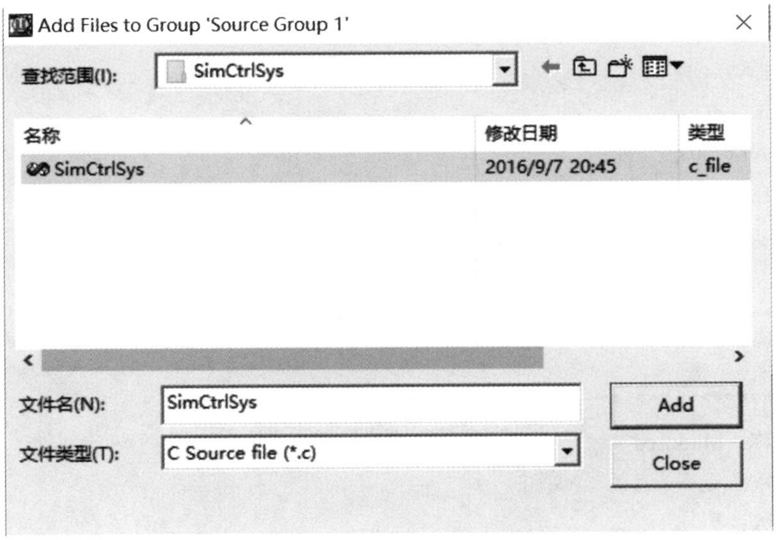

图 7.23　添加 C 文件到工程

在操作过程中有个要点需要注意，就是 Add 按钮只需要点击一次即可添加文件，并且在左边工作空间中是可以看到目录前面出现了 + 号的，然后直接点击图 7.23 中的 Close 按钮，这个对话框消失。注意 Add 按钮只需要点击一次即可，重复点击会弹出警告框。

第四步：输入源代码与编译。在新建的 C 文件中输入源代码，源代码由 7.4.1 节中的 C 语言算法进行完善，代码如下：

```
/****************** 头文件部分 ***************/
#include <STC89C5xRC.H>

/****************** 外部信号部分 ***************/
sbit RELAY = P1^0;
sbit INVADE = P0^0;

/****************** 函数定义部分 ***************/
void blinkLed(void);
void delay(int n);

/****************** 主函数部分 ***************/
void main(void)
```

```
{
    while(1)
    {
        while(!INVADE);
        RELAY = 1;
        blinkLed();
        delay(3000);
        RELAY = 0;
    }
}
```
/******************* 主函数结束 **************/

/******************* 子函数部分 **************/
// 函数名称：blinkLed
// 输入参数：无
// 输出参数：无
// 函数功能：P2 口对应的 LED 全部闪烁一次
```
void blinkLed (void)
{
    P2 = 0;
    delay(3000);
    P2 = 1;
    delay(30000);
}
```

// 函数名称：delay
// 输入参数：n，用于简单延时的延时次数
// 输出参数：无
// 函数功能：该函数为循环函数，循环次数为 n 次
```
void delay(int n)
{
    int i;
    for (i=0 ; i<n ; i++);
}
```
/******************* 子函数结束 **************/

将上述代码输入后编译，编译结果如图 7.24 所示。

图 7.24　编译结果图

注意图 7.24 中 Build 输出信息部分倒数第二行的一段话"creating hex file from "SimCtrlSys"...", 这句话的意思是: 创建了一个名为 SimCtrlSys 的 HEX 文件。并且下面两行明确了 0 Error(s), 0 Warning (s), 即没有错误, 也没有警告。通常情况下错误必须改正, 否则编译无法通过; 警告一般可以不予处理, 但是"缺少函数声明"这一类情况则必须改正, 这种情况通常是在代码中调用的函数没有对应的函数实现。

至此, 本节需要讨论的过程全部结束。在下一节中, 我们将讨论如何进行系统模块的联合调试与实现。

7.5 系统联合调试

系统联合调试的主要目标是希望将搭建的简单测控系统的硬件和编写的代码结合起来，并达到预期的简单测控目标。最直接的目的就是：

（1）当有物体挡住了光电传感器模块光电头的前端时，继电器闭合（注意由于没有接任何负载，因此只能听到闭合当时的一次很小的吸合声），并且 LED 开始闪烁。

（2）当光电传感器模块的光电头前端没有任何遮挡物时，系统不作任何响应。即 LED 不闪烁，继电器归位。

只要完成了上述功能，便完成了入侵检测系统的最简单的功能，系统联合调试只要能达到这个目标即可。系统联合调试是所有嵌入式系统开发过程中的必要部分，一般遵循的原则比较简单，先易后难。以本系统为例，联合调试时，由于存在硬件部分与软件部分，也许单独使用都没有任何问题，但是全部装配到一个整体的板上就可能存在某些"不可预知"的问题。那么解决这些问题遵循先易后难的原则，实际做法是：

（1）单独测试硬件和软件的每一个模块。

（2）逐个联合测试其他模块。

（3）统一测试整个系统。

7.5.1 模块调试

本系统有三个模块：光电传感器模块、继电器模块、LED 发光二极管模块。在模块测试中一般最先测试的一定是最稳定的模块，并将最稳定的模块作为最基本的依据，最好是显示模块。这是由于显示模块可以提示开发者继续后续的开发工作，其他模块就没有这种优势了。从这个角度出发，最好是先测试显示模块。在本系统中，LED 发光二极管显示模块是直接设计到单片机开发板上的，测试起来就尤为简单了。因此，确定了测试的第一个模块：LED 发光二极管模块。在剩下的光电传感器模块与继电器模块中，光电传感器模块是集成器件，而且前面设计的模块也非常简单，但是继电器模块就相对复杂。测试的第二个模块应当在剩下的两个模块中选择光电传感器模块。那么模块测试的顺序如下：

（1）测试 LED 发光二极管模块。

（2）将光电传感器模块与发光二极管模块联合测试。

（3）测试继电器模块。

（4）将继电器模块与发光二极管模块联合测试。

一、LED 发光二极管的测试

首先，应该将 LED 发光二极管模块测试成功，以便给后续的模块测试提供支持与帮助。测试 LED 发光二极管模块非常简单，只需要编写简单的测试代码测试单片机电路板上的 LED 模块是否工作正常即可。测试算法如下：

在无限循环中做

LED 阵列全部亮起

延时

LED 阵列全部熄灭

延时

将上述算法翻译成 C 语言代码：

```
while(1)
{
    LED1 = 0;                    // 全亮则用 0
    LED2 = 0;
    LED3 = 0;
    LED4 = 0;
    delay(3000);
    LED 1= 0XFF;
    LED 2= 0XFF;
    LED 3= 0XFF;
    LED 4= 0XFF;
    delay(3000);
}
```

后续的过程为：新建工程、输入代码、配置工程、编译并生成 HEX 文件之后下载文件到开发板上，最后观察开发板的程序运行状态，LED 阵列模块应能够亮灭交替。在本例的 LED 模块测试中，代码是整齐的四行代码，这样就能够对 STC89C52RC 单片机的四个 I/O 口做测试，如果全部能够点亮且正常工作，说明这些 I/O 口的引脚基本上没有问题，这样在后续的测试过程中，这些 LED 模块都可以任意使用。

二、光电传感器模块与发光二极管模块的联合测试

光电传感器模块的测试在第 5 章已经详细介绍过了，这里的测试基本依据第 5 章的方法来进行，大体上是编写一个简单的软件程序来测试模块的基本功能。下面就依照此步骤来进行模块的测试工作。

第一步：连接硬件模块到核心板，其中硬件模块的电源线与地线连接到核心板的电源脚与地线脚，数据线随便连接到核心板的某一个引脚，本例连接到 P0.0，即核心板上标注为 P0.0 的引脚。连接好的示意图如图 7.25 所示。

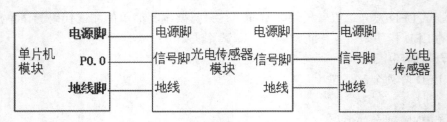

图 7.25　连接示意图

　　依据图 7.25 的连接思路进行实物连线，在实物连线时重点需要考虑的是跳线连接稳定性的问题，所以需要尽可能将模块固定到底板上，并且使用一些细线把小模块固定起来，对于传感器的测量头部分也需要尽可能地全部固定起来。固定对于这种连接不稳定的模块是有显著的作用的，这种方法会最大限度地减少因过多的跳线连接导致的接触不良的问题。固定好的光电传感器模块与光电传感器头实物图如图 7.26 所示。

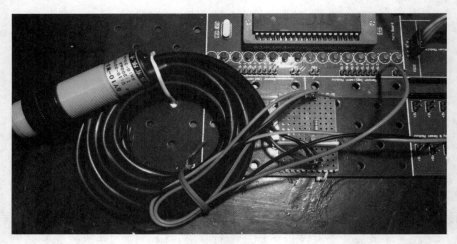

图 7.26　连接实物图

　　第二步：新建一个工程并编写代码。由于需要测试的模块为光电开关模块，该模块为输入模块，提供给单片机输入开关信号（也可理解为"0""1"信号），因此编写的测试代码只需要能够成功获取该信号即可。那么获取该信号成功之后应该有标示，典型的方法为点亮或熄灭 LED 发光二极管。依据核心板上的资源，这个目标基本可以实现。其简要算法如下：

算法 7.2　获取光电开关模块输入数据

```
在无限循环中做
    如果检测到光电开关模块有输入信号
        点亮 LED
    否则
        关闭 LED
```

程序 7.2　部分参考代码

```
while(1)
{
        if (sig == 0) LED0 = 1;
        else LED0 = 0;
}
```

第三步：编译软件并生成 HEX 文件。此处建立工程，编写代码编译与生成 HEX 文件即可。

第四步：下载 HEX 文件到核心板。

第五步：观察模块的基本行为是否正确，若不正确则从第一步开始查找问题。

上述实验成功的现象为：当将手放置在光电传感器前端时，电路板上的 LED 亮起；手离开光电传感器后，电路板上的 LED 灭掉。由于本例比较简单，剩下的三个步骤由读者自行完成。具体实验现象如图 7.27 所示。

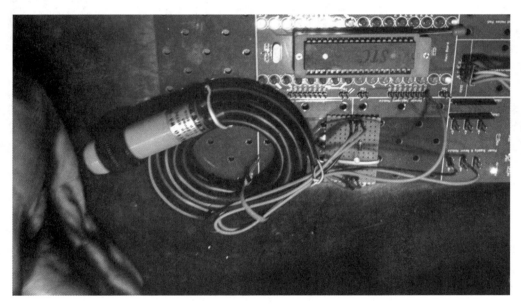

图 7.27　实验现象图

从图 7.27 可知，当手遮挡住光电传感器光电头之后，模块上的 LED 亮起，并且单片机左上角的一排 LED 亮起。这个 LED 模块就是 P3 口的 LED 模块，如果读者完全实现了这个测试过程就会发现一个问题，P3.0 和 P3.1 口的 LED 不一定会亮起，这是因为这两根线是与计算机通信的 RS232 线，意味着这两根线被占用了，如果将与计算机连接的下载线取下来，再次进行通电测试，则这个问题不再出现。这说明有些线路被占用时预期的操作不一定能够实现，这种细节性的问题读者需要在实际实践中逐步体会与发现。

三、继电器模块的测试

光电传感器模块测试完成之后应独立测试继电器模块，首先应该对它进行硬件测试，然后进行软件测试。硬件测试是直接采用电路驱动的方式测试它的工作情况，当硬件测试其基本功能正常之后再进行软件测试。软件测试就是编写一段代码控制继电器模块工作。这里先来介绍对继电器模块的硬件测试工作。

（1）继电器模块的硬件测试

继电器模块的硬件测试方法参考第 6 章，即将模块电源线与地线连接至开发板底板，然后在开发板上找一个 5V 电源针，引一根跳线到开发板上的这个 5V 电源针，另外一头轻接继电器模块的信号线针，如果能够听到吸合声则表示该模块初步检测正常，可以转入下一个步骤进行软件测试了，实际测试图如图 7.28 所示。

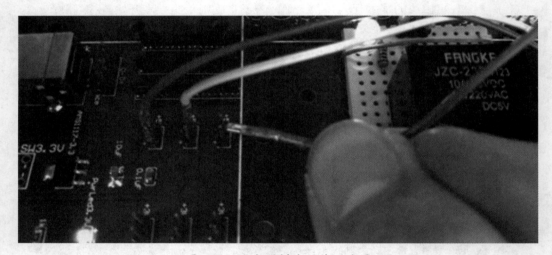

图 7.28　继电器模块硬件测试图

（2）继电器模块的软件测试

继电器模块的软件测试是连接硬件模块到核心板，其中硬件模块的电源线与地线连接到核心板的电源脚与地线脚，数据线连接到 P1.0，即核心板上标注为 P1.0 的引脚上。连接好的示意图如图 7.29 所示。

后续步骤为：

（1）新建一个工程。

（2）编写代码。

（3）编译软件并生成 HEX 文件。

（4）下载 HEX 文件到核心板。

（5）观察模块的基本行为是否正确，若不正确则从（2）开始查找问题。

上述实验成功的现象为：继电器模块交替发出开关闭合的声音，最终包含传感器模块与继电器模块的整体实物如图 7.30 所示。

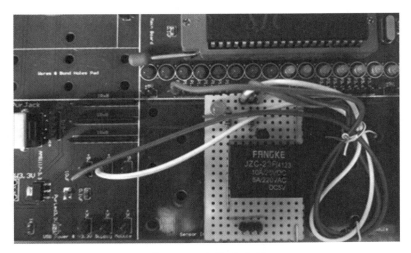

图 7.29　连接示意图

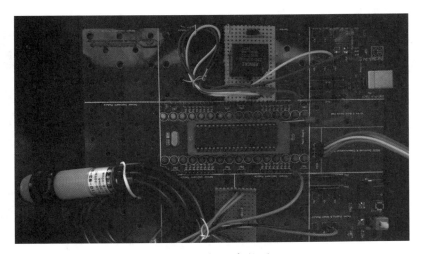

图 7.30　整体实物图

在图 7.30 中可以明确发现，两个模块都已经使用线路固定起来，并且散乱的跳线也都使用细线捆绑起来了。这样可以最大限度地减少因接触不良而导致实验现象不能完成的问题。

7.5.2　系统联调与性能测试

当对上述三个模块的独立测试与部分联合测试完成之后，整体联合测试就很简单了。能够实现到这一步说明硬件已经基本没有问题了，只需要编写代码来测试其功能，并做一个相对长时间的稳定性测试而即可。

第一步：编写对整个系统行为进行描述的完整的 C 语言代码。建立工程文件，选择芯片为 STC89C52RC，如图 7.31 所示。

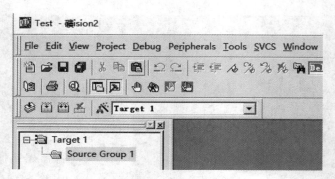

图 7.31　新建工程文件

第二步：新建代码文件并添加代码到工程，如图 7.32 所示。

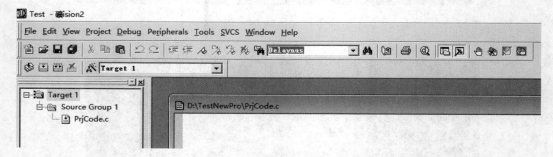

图 7.32　新建源代码并添加到工程

第三步：配置工程，生成 HEX 输出文件，如图 7.33 所示。

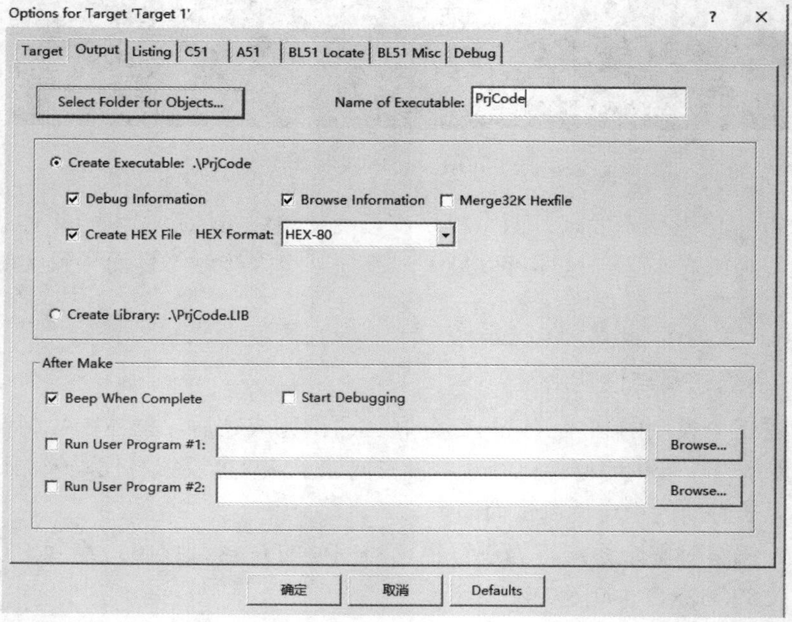

Options for Target 'Target 1'

Target | Output | Listing | C51 | A51 | BL51 Locate | BL51 Misc | Debug

Select Folder for Objects...　　Name of Executable: PrjCode

○ Create Executable: .\PrjCode
　☑ Debug Information　　☑ Browse Information　☐ Merge32K Hexfile
　☑ Create HEX File　HEX Format: HEX-80

○ Create Library: .\PrjCode.LIB

After Make
　☑ Beep When Complete　　☐ Start Debugging
　☐ Run User Program #1:　　　　　　　　　　　Browse...
　☐ Run User Program #2:　　　　　　　　　　　Browse...

确定　　取消　　Defaults

图 7.33　配置工程图

第四步：依据算法 7.1 编写并输入源代码，如图 7.34 所示。

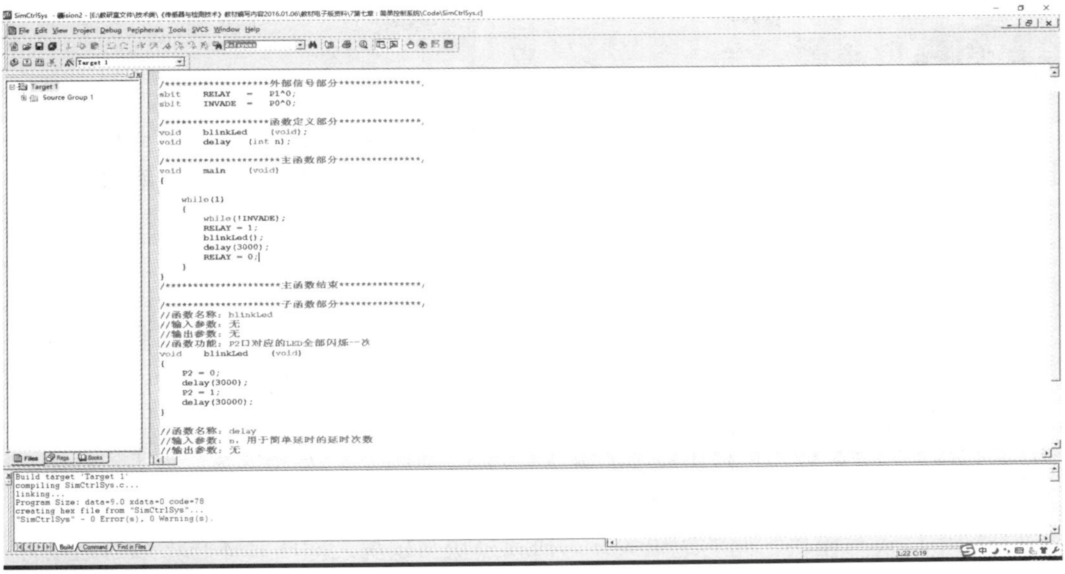

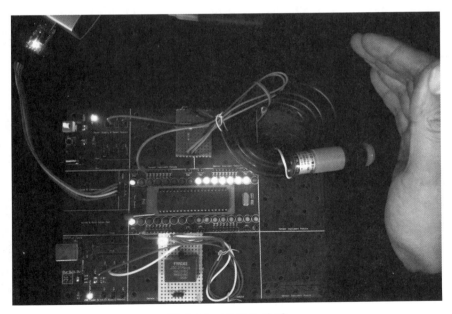

图 7.34　工程源代码的输入与编译

最终的测试效果图如图 7.35 所示。

图 7.35　测试效果图

　　最后，需要对该测试设备进行在线运行测试。一般而言，嵌入式产品需要至少 72
小时的测试，以确定其稳定性。以本章的入侵检测系统为例，在实际操作中一直通电，
并经常用手去遮挡光电传感器，然后观察系统行为是否正常，如果在长达 72 小时的测

试中完全正常则实验室的初步测试通过。然后将设备安置到现场进行长期测试。

7.6　本章小结

　　本章简要描述了入侵检测系统由整体设计到实现的全部过程，这个例子是不能用于实际应用中的，因为它过于简单，只能用于教学演示。因此读者需要了解到这仅仅只是简单入门使用的练习实例。

　　7.1 节简要介绍了简单入侵检测系统的应用。

　　7.2 节说明了简单入侵检测系统的系统设计目标与项目规范。

　　7.3 节重点描述了简单入侵检测系统的设计思想与设计架构，这种模块搭建的方法适用于很多场合，实际应用中如软件设计的中间技术都是这种模块化设计方法的体现，它并不是嵌入式系统设计的独有方法。读者需要仔细体会这种设计思路，应当多关注如何解决问题，并能够提出解决问题的思路与想法，把思路或是想法写在纸上，用图、表、数据等描述这些设计思路，然后将设计思路整理成为架构设计图，再仔细研究架构设计图中模块与模块之间的逻辑关系，研究模块与模块之间的具体与详细的连接方法；确定无误则初步设计就完成了。

　　7.4 节重点描述了控制模块行为的算法设计问题，软件最终决定了硬件的行为，这是嵌入式系统以及目前主流的物联网技术的核心与重点，也是整个计算机学科的核心。本节只是非常简单描述了算法设计的一个思维方式，读者可以仿照这种方式进行简单的软件设计，也可以逐步通过体会他人的设计思路与设计方法逐步找到适合自己的软件设计思维。

　　最后的 7.5 节简要介绍了系统的联合调试与测试。

【项目实施】

　　E7.1 简单入侵检测系统硬件的设计与实现

　　E7.2 简单入侵检测系统软件的设计与实现

　　E7.3 提交全部项目资料

第8章
计算机通信

　　计算机与嵌入式设备通信是本书需要重点讲解的一个知识点，本书的例子是计算机的串口与单片机主控系统进行通信，要求能够通过计算机控制单片机主控系统，单片机主控系统也能够将数据传输到计算机上。这里计算机称为上位机，与计算机通信的单片机主控系统称为下位机，两种主机通过 RS232 串行线连接。

　　本章的主要顺序为：第一，给出 RS232 通信的项目规范，其中包含需要实现的具体功能；第二，使用计算机电路设计软件进行电路设计；第三，给出已经制版的完整电路 PCB 与实际焊接可用的模块；第四，通过硬件连接计算机与主控板并进行测试与使用。

　　本章需要掌握的要点如下：
✓　RS232 串行通信模块的电路设计与实现
✓　RS232 串行通信模块的使用

　　本章需要了解的要点如下：
✓　RS232 串行通信的基本原理
✓　RS232 串行通信的简单项目规范

8.1 串口通信 RS-232 技术简介

RS-232-C 是美国电子工业协会 EIA（Electronic Industry Association）制定的一种串行物理接口标准。RS 是英文"推荐标准"的缩写，232 为标识号，C 表示修改次数。RS-232-C 总线标准设有 25 条信号线，包括一个主通道和一个辅助通道。在多数情况下使用主通道，对于一般的双工通信，仅需几条信号线就可实现，如一条发送线、一条接收线及一条地线，目前通常只使用 9 针接头的 RS232 通信线，如图 8.1 所示。RS-232-C 标准规定的数据传输速率为 50、75、100、150、300、600、1200、2400、4800、9600、19200、38400 波特。

图 8.1 RS232（9 针）接口

RS-232-C 标准规定，驱动器允许有 2500pF 的电容负载，通信距离将受此电容限制，例如，采用 150pF/m 的通信电缆时，最大通信距离为 15m，若每米电缆的电容量减小，通信距离可以增加。传输距离短的另一个原因是 RS232 属于单端信号传送，存在共地噪声和不能抑制共模干扰等问题，因此一般用于 20m 以内的通信。具体通信距离还与通信速率有关，例如，在 9600b/s、普通双绞屏蔽线时，距离可达 30 ~ 35m。

串行通信接口标准经过使用和发展，目前已经有几种版本，但都是在 RS-232-C 标准的基础上经过改进而形成的。所以，以 RS-232-C 为主来讨论。RS-232-C 标准是 EIA 与 BELL 公司等一起开发的通信协议，于 1969 年公布。它适合于数据传输速率在 0 ~ 20000b/s 范围内的通信。这个标准对串行通信接口的有关问题，如信号线功能、电气特性等都作了明确规定。由于通信设备厂商都生产与 RS-232-C 制式兼容的通信设备，因此，它作为一种标准，目前已在微机通信接口中广泛应用。

首先，RS-232-C 标准最初是为远程通信连接数据终端设备 DTE（Data Terminal Equipment）与数据通信设备 DCE（Data Communicate Equipment）而制定的。因此这个标准在制定时并未考虑计算机系统的应用要求，但目前它又广泛地被借来用于计算机（更准确的说，是计算机接口与终端或外设之间的近端连接）。显然，这个标准的有些规定和计算机系统是不一致的。有了对这种背景的了解，对于 RS-232-C 标准与计算机存在不兼容的地方就不难理解了。

其次，RS-232-C 标准中所提到的"发送"和"接收"，都是站在 DTE 立场上，而不是站在 DCE 的立场来定义的。在计算机系统中，往往是 CPU 和 I/O 设备之间传送信息，而两者都是 DTE，因此双方都能发送和接收信息。

8.2　简单串口通信系统设计目标与项目规范

8.2.1　串口通信系统设计目标

通过 8.1 节的介绍中，我们初步了解了串行通信的基本知识。本章的目标就是参考这些知识，来设计与实现上位机（计算机）与下位机的串行通信。计算机与单片机稳定的通信能够让计算机与单片机之间进行"交流"，也就是说计算机可以向单片机发送数据，单片机也可以向计算机发送数据，双方可以实现双向通信。双向通信的实际作用就是可以使用计算机系统控制单片机系统，当然也可以使用单片机系统控制计算机系统。最终如果能够形成一个网络，则可以实现网络控制以及分布式系统等应用目标。下面就从设计方案的角度进行初步设计的讨论。

本章需要完成的串行通信模块，可以依照最简单、最基本的交叉连接方法进行物理线路的连接，使连接线最少，能够保证基本的双向传输的要求即可。上位机与单片机系统通过 RS232 串行通信线进行连接，连接时仅仅使用必须的三根信号线：RX、TX、GND。其典型的连接方式如图 8.2 所示。

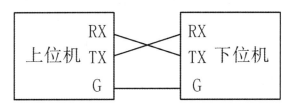

图 8.2　上位机与下位机的连接示意图

在图 8.2 中，计算机作为上位机只需要提供 RX、TX、G（GND，地线）三根线与作为下位机的单片机系统进行连接即可。单片机也必须有 RX、TX、G 三根线，以提供连接到上位机的 RS232 线。连接时为交叉连线，即上位机的 RX 线连接到下位机的 TX 线，上位机的 TX 线连接到下位机的 RX 线，地线与地线直接相连，RS232 接口中的其他线均可以不连接，这样就以最简单的连线方法完成了 RS232 接口的基本连接。在实际接线中，不一定需要标准的 RS232 所采用的 DB9 接头，而只需要用三根线简单连接即可，在后续的硬件连接中，我们将在图片中看到这种简单又实用的连接方式。

8.2.2 串口通信系统项目规范

[任务名称] 串口通信模块设计要求。

[目标简述] 完成串口通信模块的设计、实现以及基本应用。

[具体功能]

（1）自行设计串口通信模块的原理图与 PCB（串口通信硬件与 USB 转串口通信硬件）。

（2）依照设计的 PCB 来焊接 RS232 通信模块电路板。

（3）依照设计的 PCB 来焊接 USB 到 RS232 串口转换通信模块电路板。

第一步：完成原理图与 PCB。

第二步：

    1）能够完成例子代码的运行（用 ISP 软件自动生成的串口通信例子代码建立工程、编译运行）。

    2）使用串口终端发送指令 0XAA 0X0F 0XFF 0X55 打开 P0 与 P2 的全部 LED。

    3）使用串口终端发送指令 0XAA 0X0F 0X00 0X55 关闭 P0 与 P2 的全部 LED。

第三步：

使用串口终端发送指令 0XAA 0X00 0X00 0X55 关闭 P0 口的全部 LED。

使用串口终端发送指令 0XAA 0X00 0X01 0X55 打开 P0 口 P0.0 对应的 LED 灯。

使用串口终端发送指令 0XAA 0X00 0X02 0X55 打开 P0 口 P0.1 对应的 LED 灯。

使用串口终端发送指令 0XAA 0X00 0X04 0X55 打开 P0 口 P0.2 对应的 LED 灯。

......

使用串口终端发送指令 0XAA 0X00 0X80 0X55 打开 P0 口 P0.7 对应的 LED 灯。

第四步：

使用串口终端发送指令 0XAA 0X00 0X03 0X55 打开 P0 口 P0.0 与 P0.1 对应的两个 LED 灯。

使用串口终端发送指令 0XAA 0X00 0X95 0X55 打开 P0 口 P0.7、P0.4、P0.2、P0.0 对应的 LED 灯。

[要求]

（1）必须写出算法文档（中文、伪代码均可）。

    [注意]

    1）主程序一个算法。

    2）每个子程序（函数）各自一个算法。

（2）必须画出程序流程图。

    [注意]

    1）主程序一个程序流程图。

    2）每个子程序（函数）各自一个程序流程图。

（3）源代码上交与注释规范。

　　1）硬件测试文档，硬件测试文档上交文件名为：

　　　XXX 硬件测试文档 .DOC。

　　2）必须给出软件代码测试的测试用例表格，软件代码测试文档上交文件名为：

　　　XXX 软件测试文档 .DOC。

　　3）必须给出实体系统功能的功能说明书，功能说明书上交文件名为：

　　　XXX 功能说明书 .DOC。

　　4）原理图、PCB 文档。原理图与 PCB 文档依照要求完成即可。

　　5）本项目完成过程中的问题文档，上交文件名为：

　　　问题文档 .DOC。

　　6）讲解用 PPT，讲解用 PPT 上交文件名为：

　　　模块项目讲解文件 .PPT。

　　7）全部文档资料整理打包，文件名为：

　　　序号 _ 姓名 .rar。

　　　[注意] 序号 _ 姓名 .rar 打包文件目录列表：

　　①　XXX 算法文档 .DOC。

　　②　程序流程图 .DOC。

　　③　XXX.C。

　　　　[注意] 源代码需要达到如下要求：

　　　　● 源代码中最上面一行加一个注释，写上：序号 _ 姓名。

　　　　● 源代码关键位置给出注释。

　　　　● 函数的开始处写上注释。

　　④　XXX 硬件测试文档 .DOC。

　　⑤　XXX 软件测试文档 .DOC。

　　⑥　XXX 功能说明书 .DOC。

　　⑦　原理图与 PCB 文件。

　　⑧　问题文档 .DOC。

　　⑨　模块项目讲解文件 .PPT。

8.3　硬件系统设计与实现

　　在串口通信项目基本规范的要求部分提出了硬件的两个要求，分别对应了两种不同的串行通信硬件设计方案。一种是基本 RS232 串口通信模块，另一种是 USB 转 RS232 串口通信模块。基本 RS232 串口通信模块是以 232 芯片为主的硬件设计方案，它只能用于常用的 DB9 接头的 232 通信接口。在现代计算机系统中，尤其是笔记本电脑与最近几年的台式机主板上均已经逐渐淘汰了这种 DB9 接头。因此，若想使用 RS232 与计算机连接，在计算机上没有对应的接头与单片机系统进行物理连接的问题便出现了。第二种方案——采用 USB 转 RS232 串口通信的方案就被提了出来，至少在单片机端是有 RS232 接头的，一端用 RS232，另一端采用 USB 转 RS232 串口连接到计算机即可。两种方案的设计思想都可以使用简图来描述，串口通信模块与 USB 转 RS232 串口通信模块简图如图 8.3 所示。

图 8.3　串口通信模块与 USB 转 RS232 串口通信模块

图 8.3 的左图描述的是计算机与单片机连接中的基本 RS232 串口通信模块，硬件设计中应当设计 RS232 串口模块。原因是计算机端串口提供的电压与单片机端提供的电压不能匹配，因此需要设计这个硬件模块来进行转换。这样做的限制即要求计算机必须有串口接头 DB9（带有图 8.1 接头的计算机）。

图 8.3 的右图描述的是计算机与单片机连接直接使用 USB 接口，这样的话绝大多数计算机都是可以通用的。但是需要图中正中间的 USB 转 RS232 串口转换模块来解决把 RS232 接口转换为 USB 接口这个问题。该 USB 转 RS232 模块一方面需要与单片机进行串口通信，另一方面需要转换 RS232 串行通信标准为 USB 标准，并需要在计算机上安装驱动支持 USB 转 RS232 串口模块。

综合上述的分析可知，在硬件设计时应当考虑两种方案。一种方案是传统的 RS232 所需要的匹配传统 DB9 接头的 RS232 串口模块设计方案；另一种方案就是使用 USB 转 RS232 串口模块的设计方案。那么在后续的硬件设计中，我们会给出两种设计方案。

8.3.1　原理图设计

根据两种硬件的设计方案进入原理图设计阶段，首先考察第一种仅仅使用 DB9 接头的 RS232 标准的硬件设计方案。目前市面上有很多 232 芯片，典型的芯片为 MAX232。国内也有很多公司生产 232 芯片，典型的如 STC232 芯片，其引脚以 MAX232 芯片为依据，都是通用并允许互换的。在多数情况下，在硬件原理图设计过程中没有特别需要注意之处，唯一需要注意的是，如果 MAX232 芯片非原装进口则可能有自激现象发生，该现象在实际使用时芯片烧毁的可能性很大，因此在设计过程中可以适当采用国产芯片，例如 STC232，以避免该问题的发生。

第一步：创建工程、原理图、PCB 文件，如图 8.4 所示。

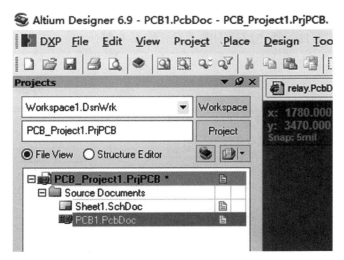

图 8.4 创建工程、原理图与 PCB 文件

在创建工程的过程中应当注意创建的顺序，最先创建的一定是工程文件，使用 File —New—Project—PCB Project 命令，然后再创建原理图与 PCB 文件。创建完毕应该选择 File—Save all 保存全部设计文件到指定文件夹，并修改为指定的文件名（不推荐使用默认的文件名），那么创建工程过程结束。实际创建的文件如图 8.5 所示。

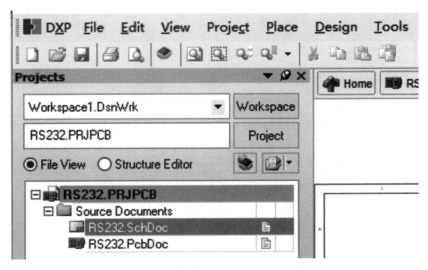

图 8.5 创建并保存的工程与文件名

第二步：绘制原理图文件。注意此时应当查找 MAX232 的器件手册（DataSheet），以便于了解其设计方法与设计 DEMO，通常在网络上可以搜索到 MAX232 芯片的器件手册。由于 MAX232 的官方设计单位是美信公司（MAXIM），在该公司网站上也可以查到 MAX232 的芯片器件手册。在设计原理图与 PCB 的过程中，器件手册是最重要

的参考依据，因为器件手册会给出详细的用法、设计例子、使用限制等的说明。图 8.6 是 MAX232 芯片的器件手册中原理图参考设计需要的部分。

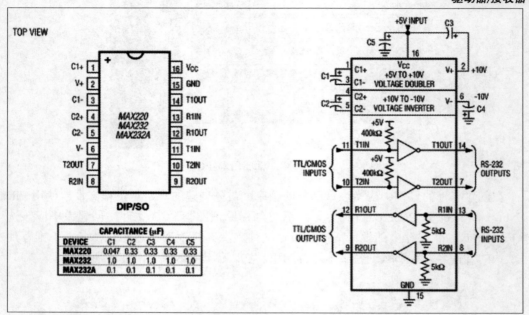

图 8.6　MAX232 器件手册部分

图 8.6 的器件手册是在美信公司的官方网站上下载的，读者也可以在美信官网找到这份手册。通过图 8.6 可以很明显看到在 MAX232 周围有 5 个电容，这 5 个电容是这个模块设计的关键，剩下的部分就是接口部分。下面我们给出原理图设计，并且对这个原理图设计中的每一部分进行简要描述，希望读者进一步慢慢体会与理解原理图设计过程。原理图设计如图 8.7 所示。

在图 8.7 中有五个部分，分别是 DB9 接头部分、到单片机的电源与通信开关部分、PWR 电源输入部分、附加外部接头 PX 部分、MAX232 模块部分。

（1）DB9 接头部分

DB9 接头部分用于连接模块与计算机，接头实物图如图 8.8 所示。

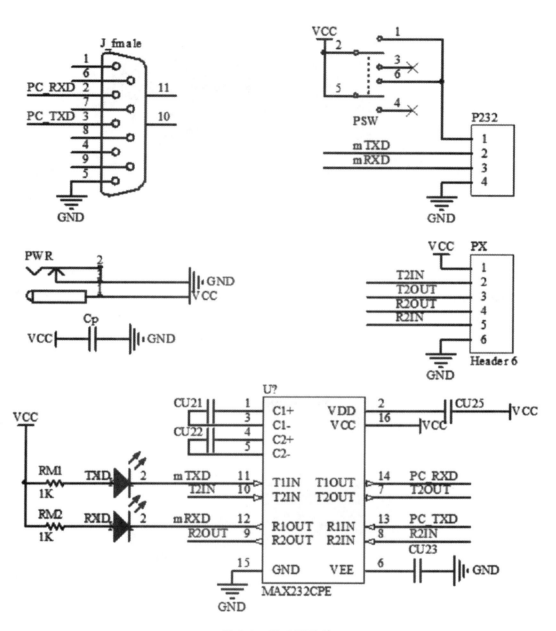

图 8.7 原理图设计

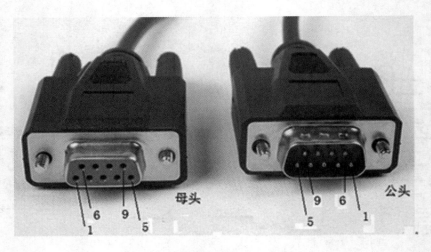

图 8.8　DB9 的两种接头实物图

　　计算机一端提供的是公头，进行 RS232 模块设计时，采用的 DB9 接头则应该是母头。通常在市面上就可以买到通用的 RS232 串行通信线，常用的 RS232 串行通信线的实物图如图 8.9 所示。

图 8.9　RS232 串口线实物图

　　实际的 RS232 串行线一般就是这种一端为公头一端为母头的线，当然也有其他的种类，这一种较为通用。注意 RS232 通信端口只需要三根线便可以正常工作，即其提供给计算机的 DB9 端口有三根线：RX、TX、GND。DB9 接头部分原理图如图 8.10 所示。

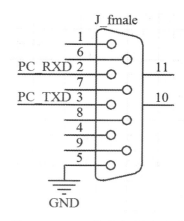

图 8.10　DB9 接头部分原理图

　　在图 8.10 中，实际只使用了 DB9 接头的 2、3、5 三个引脚，这三个引脚分别对应了计算机主板上引出的串口接头 DB9 的三根针。计算机端为公头，DB9 接头部分为母头，计算机端 DB9 公头的连接引脚也是 2、3、5 三个引脚。

　　（2）到单片机的电源与通信开关部分

　　模块另外一端连接到单片机，与单片机一样，也是三根线相连接。考虑到这个通信模块的复用问题，因此还需要加装一个开关。这里需要解释一下复用问题，在计算机与单片机之间的整个 RS232 模块实际上有两种功能：第一个功能是通信功能；第二个功能比较关键，是下载功能，也就是需要将编写软件时生成的 HEX 文件下载到单片机核心板上，这个下载过程是通过 RS232 通信模块作为通信媒介的。单片机在下载之前是不能通电的，当在计算机上点击"下载"时，计算机上的 ISP 软件等待单片机的响应，此时再启动单片机的电源。因此这里加装的开关非常重要，它起到了控制冷启动的目的，同时也给单片机系统供电。到单片机的电源与通信开关部分如图 8.11 所示。

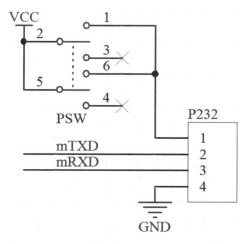

图 8.11　到单片机的电源与通信开关部分

在图 8.11 中可以看出，开关 PSW 用于控制单片机的供电，并起到了冷启动的作用，以便于使用 ISP 的方式从计算机把 HEX 文件下载到单片机上。从图中 P232 接头部分可见，RS232 模块与单片机之间通信需要四根线：1 号引脚电源线、2 号引脚 TX 线，3 号引脚 RX 线，4 号引脚 GND 线。其中 1 号线附近应该有个电源开关，该电源用来作为单片机的系统电源。

（3）PWR 电源输入部分

电源输入部分较为简单，仅有一个电源接头的插口，允许外部插入 5V 电源，然后整个 RS232 模块可以直接工作。其原理图如图 8.12 所示。

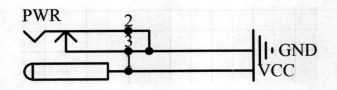

图 8.12 电源接头输入部分原理图

（4）附加外部接头 PX 部分

附加外部接头只是将一组电源引到外部，并将 MAX232 芯片内部另外一个没有被使用的串口模块部分引到外部以备用。附加外部接头 PX 部分原理图如图 8.13 所示。

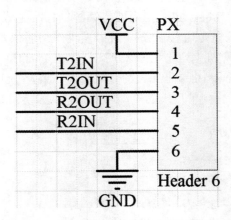

图 8.13 附加外部接头部分原理图

（5）MAX232 模块部分

硬件系统中最重要的部分就是 MAX232 模块部分，这部分在设计时是不能连接错误的，否则一旦制版完成将无法修改，只能重新设计。

在图 8.6 的器件手册中，MAX232 芯片周围有五个电容，分别为：CU21、CU22、CU23、CU25 和 Cp，其值均为 0.1μF。MAX232 芯片的 11 号引脚与 12 号引脚均连接了一个 LED，其作用为指示是否存在计算机与单片机之间的通信过程，如果存在双向通信过程，这两个 LED 会闪烁。MAX232 模块部分原理图如图 8.14 所示。

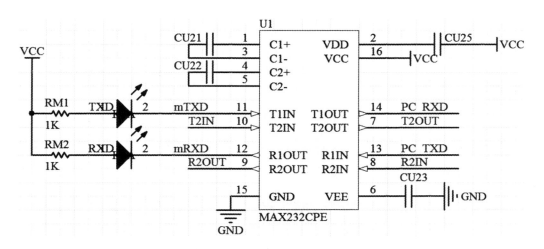

图 8.14 MAX232 模块部分

以上内容即为原理图设计的全部内容，这里只详细介绍了 RS232 模块的设计过程，对 USB 转 RS232 串口模块并没有详细介绍，这是由于我们采用南京沁恒电子有限公司的 CH340 芯片完成 USB 转 RS232 串口模块的设计，该公司官方网站直接给出了参考原理图、PCB 以及元器件清单。由于源设计非常简单，为了设计需要仅在原理图上加入了对单片机板供电的电源开关，以及在 PCB 的设计上做了简单的改进，以便于本课程的教学使用，除此之外没有任何改动。图 8.15 即为在官方网站上发布的原理图的基础上稍加改动的设计图。

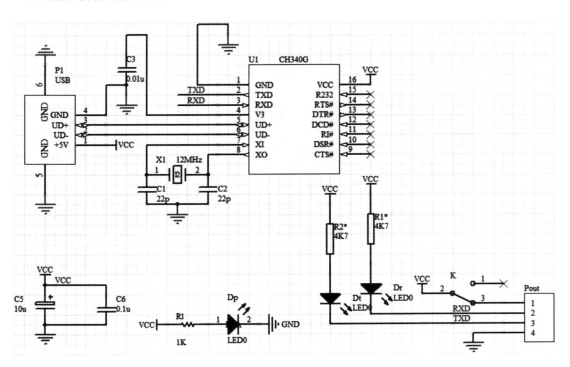

图 8.15 USB 转 RS232 模块原理图

8.3.2 电路板设计

总体原理图设计完毕之后就进行 PCB 设计，关于 PCB 的简单设计技巧在前述章节中已经介绍过一些。这里直接给出 RS232 模块与 USB 转 RS232 模块的 PCB 正面设计图与反面设计图。

（1）RS232 模块的 PCB 设计图

在 RS232 模块的 PCB 设计图中，MAX232 芯片采用 DIP16 封装，五个 0.1μF 的电容采用 0805 封装，1K 电阻与 LED 均采用 0805 封装。根据图 8.7 的原理图设计的 PCB 正面设计图如图 8.16 所示。

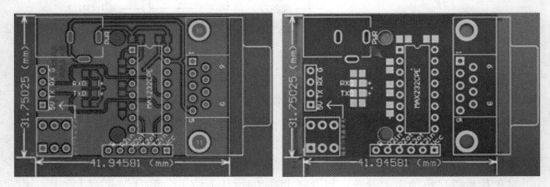

图 8.16 PCB 正面设计图

图 8.16 中左图为带有尺寸标注的 2D 设计图，右图为 3D 设计图。在使用 DXP 软件设计 PCB 时可以按数字键 2 和数字键 3 对 2D 设计图与 3D 设计图进行切换。一般情况下，在 PCB 设计过程中都是采用 2D 图进行设计，而需要大致看到最后成品电路 PCB 板的效果时可以使用 3D 图，这样有助于发现一些明显的结构性设计不合理、元器件放置方向反向等问题。总体 PCB 的反面设计图如图 8.17 所示。

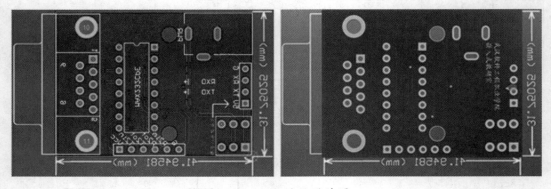

图 8.17 PCB 反面设计图

（2）USB 转 RS232 模块的 PCB 设计图

在 USB 转 RS232 模块的 PCB 设计中有一个关键问题，即设计中采用的主控芯片为南京沁恒电子有限公司生产的芯片，该芯片基本为贴片封装。设计采用的芯片型号为 CH340G，其封装为 SOP16。因此在设计 PCB 时可以采用自行设计封装的方法，当然也可以在系统库里面搜索封装。另外一个问题就是 USB 接头的封装也是需要自己设计的，这个封装的完整名称应该为：USB-A 型 Plug 插头，也就是普通 U 盘使用的那种插头。USB 转 RS232 模块的 PCB 设计图的正面如图 8.18 所示。

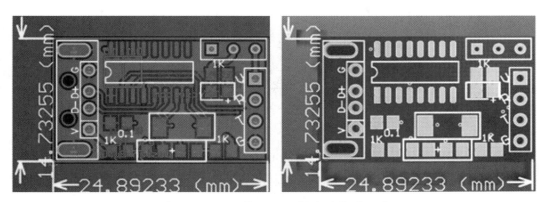

图 8.18 USB 转 RS232 模块设计图正面

同样，图 8.18 中的左图是 2D 的 PCB 设计图，右图为 3D 的设计图。注意这里的 12MHZ 晶体振荡器采用了 5032 贴片封装。而且电路板上除了左端的 USB 接头、右端四针插头、四针插头上面的三孔开关以外，所有的元器件均为贴片封装，这样设计使电路图看起来非常紧凑，并将其物理形状尽可能减小到接近 U 盘的形状。PCB 设计图的反面如图 8.19 所示。

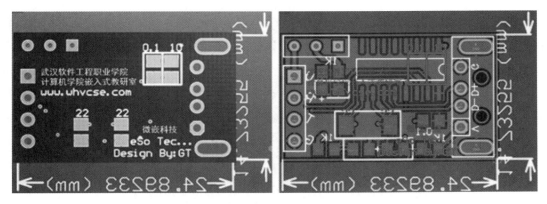

图 8.19 USB 转 RS232 模块设计图反面

8.3.3 硬件实现

当 PCB 设计完成之后，送制版商进行制版。制版完成之后的实际电路板如图 8.20 所示。

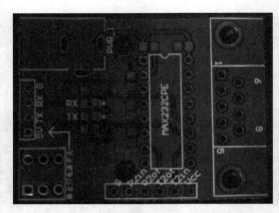

图 8.20　RS232 模块 PCB 板实物图

PCB 电路板实物图与以 3D 方式显示的 PCB 电路板图除了表面颜色不同之外，基本上没有区别。如果仔细观察这张实物图，则不难发现有很多小问题依然存在：

（1）开关附近的丝印层上的汉字印刷得比较小。

（2）在电路板的中间有个 6 针接口，在其上方有一个较大的安装孔，该孔与 6 针接口距离太近。

（3）电源接头后方的引脚与 RS232 芯片上方的电容中间有一个安装孔，距离太近，不是很合适。

（4）电路板左边四针接头的后方有四个元件：两个 1K 电阻，两个 LED 发光二极管，由于没有在丝印层画出边界，则对于不太熟悉电路焊接的读者来说还存在疑惑。

所以在绘制电路 PCB 时，有很多细节问题都是需要考虑的，上述问题均为细节上的问题，但是对于批量制造而言都需要严格考虑，并在下次改版的时候解决这些小问题。在图 8.20 的基础上焊接全部元件之后的实物图如图 8.21 所示。

图 8.21　PCB 焊接后的实物模块

在这一类电路焊接的过程中，由于有较多的贴片元件，因此焊接的时候需要最先焊接这些比较低的贴片元件，然后再焊接其他相对较高的元件，该模块经过测试能够进行正常通信。

在 8.3.2 节的最后，我们直接给出了 USB 转 RS232 模块的电路设计，尤其是其 PCB 图的 2D 图和 3D 图。而且，还特别提到了现代设计中的一种类似 U 盘的设计方式，这种设计方式代表了消费类电子的设计趋势。USB 转 RS232 模块的类 U 盘结构的实物图如图 8.22 所示。

图 8.22　USB 转 RS232 模块类 U 盘结构实物图

8.4　软件系统设计与实现

在 8.2.2 节中，提出了串口通信项目设计规范。其要求部分即是需要完成的计算机通信软件的设计目标。这里的软件系统设计关注的要点只有一个，那就是成功地进行双向通信。将问题简化就是电脑发送一串命令符号，例如：0XAA 0X0F 0XFF 0X55，单片机系统执行对应的命令，打开 P0 与 P2 全部的 LED。那么，整个过程是如何做到的呢？事实上，在计算机系统上有很多软件，比如 Windows 系统会预装超级终端作为默认的通信软件，涉及向单片机进行下载程序使用的 STC-ISP 软件也可以进行串行通信。下面来说明整个上位机到下位机的简易通信过程。

第一步：连接好硬件。

第二步：在电脑上打开串行通信软件，例如 STC-ISP 软件。

第三步：使用 STC-ISP 软件发送十六进制的数字串 AA0FFF55。

第四步：观察单片机主板是否有反应。正常情况下 P0 与 P2 全部的 LED 都应该开启，这是单片机核心板上的软件正确的前提。

8.4.1　算法设计

依据上述分析就可以开始考虑如何设计在单片机板上运行的软件。根据项目规范中的要求，参考上面的通信过程进行分析可知单片机系统的大致行为。

首先，单片机等待上位机发送命令，如果没有命令就一直等待。当有命令时，还需要判断这个命令是否合法，也就是格式是否正确（应当注意命令都是四个字节，且开头用 0XAA，结尾用 0X55）。如果格式不正确则需要继续等待；如果格式正确则执行该命令。命令的执行依照项目规范中的格式，当遇到 0XAA 0X0F 0XFF 0X55 这种情况，则打开 P0 与 P2 全部的 LED；当遇到 0XAA 0X0F 0X00 0X55 这种情况，则关闭 P0 与 P2 全部的 LED。操作完成后，继续等待上位机发来命令。综合以上分析，可以大致写出单片机软件的算法设计。

算法 8.1　单片机端初步算法

算法：单片机端解释算法
输入：上位机发来的命令
输出：无

　　L1：等待上位机发来命令
　　L2：如果发来的命令不正确，则转到 L1
　　L3：根据命令的不同情况做
　　　　L3.1：0XAA 0X0F 0XFF 0X55 命令：打开 P0 与 P2 全部 LED
　　　　L3.2：0XAA 0X0F 0X00 0X55 命令：关闭 P0 与 P2 全部 LED
　　　　L3.3：0XAA 0X00 0X00 0X55 命令：关闭 P0 口全部 LED
　　　　L3.4：0XAA 0X00 0X01 0X55 命令：打开 P0 口 P0.0 对应的 LED 灯
　　　　L3.5：0XAA 0X00 0X02 0X55 命令：打开 P0 口 P0.1 对应的 LED 灯
　　　　L3.6：0XAA 0X00 0X04 0X55 命令：打开 P0 口 P0.2 对应的 LED 灯
　　　　……
　　　　L3.n：0XAA 0X00 0X80 0X55 命令：打开 P0 口 P0.7 对应的 LED 灯
　　　　……
　　　　L3.m：0XAA 0X00 0X03 0X55 命令：打开 P0 口 P0.0 和 P0.1 对应的两个 LED 灯
　　　　L3.p：0XAA 0X00 0X95 0X55 命令：打开 P0 口 P0.7、P0.4、P0.2、P0.0 对应的几个
LED 灯……

仔细考虑算法 8.1 的 L3 部分，后面出现了很多命令，如果全部用这种分情况执行命令的方式几乎无法完成。那么就需要仔细地研究这部分，例如：

L3.1：0XAA 0X0F 0XFF 0X55 命令：打开 P0 与 P2 全部 LED
L3.2：0XAA 0X0F 0X00 0X55 命令：关闭 P0 与 P2 全部 LED

上面的两个命令看起来不同，但是其共同之处是对 P0 与 P2 操作，由于 P0 与 P2 口都连接了 LED，所以赋值语句：

P0 = 值；
P2 = 值；

就可以完全操作 P0 与 P2 两个口了，至于这里是什么值并不重要。因此 L3.1 与 L3.2 就可以合并了，因为其操作方法是完全一样的。
对于后续的部分：

L3.3：0XAA 0X00 0X00 0X55 命令：关闭 P0 口全部 LED

L3.4：0XAA 0X00 0X01 0X55 命令：打开 P0 口 P0.0 对应的 LED 灯

L3.5：0XAA 0X00 0X02 0X55 命令：打开 P0 口 P0.1 对应的 LED 灯

L3.6：0XAA 0X00 0X04 0X55 命令：打开 P0 口 P0.2 对应的 LED 灯

......

L3.n：0XAA 0X00 0X80 0X55 命令：打开 P0 口 P0.7 对应的 LED 灯

......

L3.m：0XAA 0X00 0X03 0X55 命令：打开 P0 口 P0.0 和 P0.1 对应的两个 LED 灯

L3.p：0XAA 0X00 0X95 0X55 命令：打开 P0 口 P0.7、P0.4、P0.2、P0.0 对应的几个 LED 灯 .....

实际上都是对 P0 口进行操作，因此也应当合并为同一条语句。修改后的算法如下：

算法 8.2　单片机端修改后的算法

```
算法：单片机端解释算法
输入：上位机发来的命令
输出：无
    L1：等待上位机发来命令
    L2：如果发来的命令不正确，则转到 L1
    L3：根据命令的不同情况做
        L3.1：同时操作 P0 与 P2 全部 LED
        L3.2：操作 P0 口的 LED
```

至此，算法设计已经初步完成。但是无论是算法 8.1 还是算法 8.2 都有一个很关键的问题没有描述清楚，即 L1 句子中的"等待上位机发来命令"是如何做到的？这是无法回避的通信问题。考虑到通信的突发性，最适合完成该任务的是单片机的中断机制。上位机发来的字符由中断机制接收，这样才能确保计算机在任意时刻发送的数据都能够被单片机获取到。注意单片机并不知道上位机什么时候发送数据，也不知道发送的数据是否正确，所以中断方式才是最合适的。那么，"L1：等待上位机发来命令"这个问题大致能够确定为如下两个部分。

（1）需要单片机的中断机制来接收上位机发来的符号。

（2）单片机需要使用这些符号。

对于第一个问题，由于采用了 RS232 串口通信，单片机内部的串口模块显然是可以接收符号的。但是可能会存在另外一个问题，那就是单片机接收串口的符号时每次只能接收一个字符。那么这意味着产生一次中断只能接收一个字节。对于设计要求中的命令，例如 0XAA 0X0F 0XFF 0X55，有四个字节，则会产生四次中断，每次只能接收一个字符，并且下一次产生中断时，下一个字符会替代上一个字符。显然，需要设置一个四字节的缓冲区来存放这个命令串。

综合上面的分析，最合适的做法是：

（1）最好把这四个字节的命令存放到一个缓冲区里面，存放过程用中断完成，且能够完成初步命令格式是否正确的检测（命令开头部分为 0XAA，结尾部分为 0X55，四个字节）。这样就能使命令接收是独立运行的。

（2）在单片机的程序中只需要判断内容是否正确，即判断四字节的命令（0XAA 0X** 0X** 0X55）中的中间两个字节的含义是否正确。综合上述分析，下面可以先来详细描述中断部分的算法：

算法 8.3　中断内部收到一串符号的算法

算法：单片机使用中断接收上位机一串符号的算法

输入：上位机发来的一个字节

输出：合法的字符串

　　[注]合法的字符串是指 0XAA 开头 0X55 结束中间包含两个信息字节的四字节字节串。

L1：判断当前字符是否为 0XAA

　　如果是 0XAA，则缓冲位置指示器设置为 0，准备从缓冲区 0 号位置开始存放数据

L2：如果当前是最后一个字节位置，则判断当前读入的字符是不是 0X55

　　如果是则通知主函数可以读命令了

L3：存放该字节数据到当前缓冲位置

L3：缓冲区存放位置下移一个字节

L4：调节缓冲位置边界

至此，已经基本完成了算法描述。算法 8.3 尤为重要，它能够完成数据的输入工作，并能通知主线程（主函数）在输入串正确的前提下读取数据。那么后续在编写软件代码时，对算法 8.2 也应当做相应地调整。即收到算法 8.3 的通知之后，应当清除该通知，以防程序出现多次发送通知。在下一节的软件设计中，将通过实际代码来描述这个问题。

8.4.2　软件设计

算法的设计完成后便可以进行可运行文件的实现过程。首先需要建立一个空文件夹来存放这个工程全部的文件，建议不要在计算机的 C 盘建立这个文件夹。

第一步：建立工程文件，点击 Project—New Project... 开始创建新工程，如图 8.23 所示。

在弹出的对话框中输入工程名，本例的工程名为 RS232Code，如图 8.24 所示。

找到刚刚建立的文件夹，保存这个文件。本例中的全部文件均保存到 RS232 Code 文件夹下，然后点击"保存"。点击"保存"后会弹出"选择处理器"对话框（这个对话框需要正确导入了 STC 数据库才会出现），如图 8.25 所示。

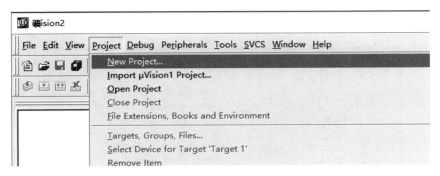

图 8.23 创建新工程

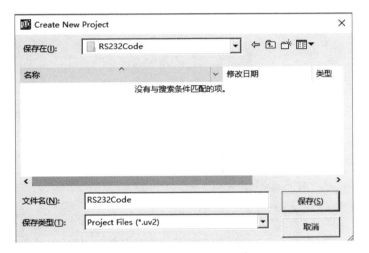

图 8.24 输入工程名称

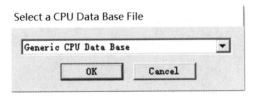

图 8.25 选择处理器

然后在下拉框中选择 STC MCU Database，如图 8.26 所示。

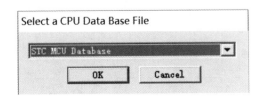

图 8.26 选择 STC 数据库

点击 OK，并在列表中找到 STC89C52RC 芯片型号，如图 8.27 所示。

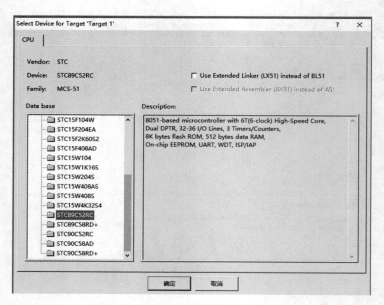

图 8.27　选择芯片

最后点击"确定"，至此便完成了基本的工程建立。完成后的软件界面如图 8.28 所示。

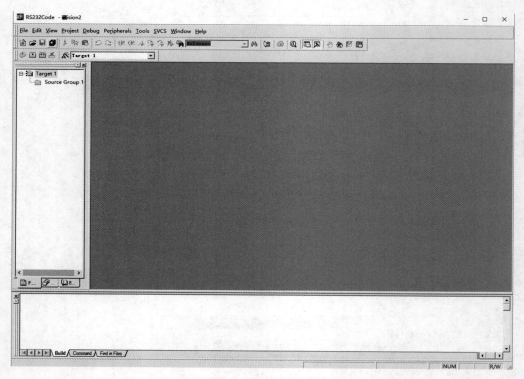

图 8.28　完成工程建立

第二步：配置工程，使工程编译之后能够产生 HEX 可执行文件。首先点击 Project—Options for Target 'Target 1' 命令，如图 8.29 所示。

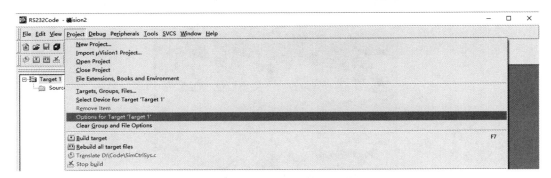

图 8.29　配置工程命令

在弹出的对话框中点击 Output 标签，勾选 Create HEX File 项目前面的复选框（点击一下即可）。注意，输入 HEX 文件的文件名和输出的目录都是可以修改的。

图 8.30　修改输出目录与文件名

在图 8.30 中左边 Select Folder for Objects... 目录是可以自行选择的，右边 Name of Executable 是可执行文件名，这个文件名也是可以修改的。

完成上述配置之后，就可以点击"确定"，工程的配置便完成了。

第三步：创建工程中的 C 语言代码文件并添加到工程。点击 File—New 命令来创建一个空的编辑文件，如图 8.31 所示。

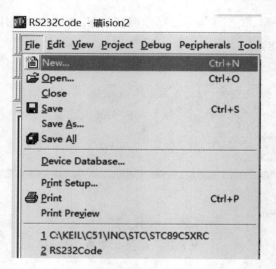

图 8.31 新建空的 C 文件

　　这里的 File—New 命令新建的是一个空白的文本，需要保存为 .C 文件。点击 File—New 命令之后，直接使用 Ctrl+S 组合键来保存文件，并为空白的 C 文件设置一个文件名，如图 8.32 所示。

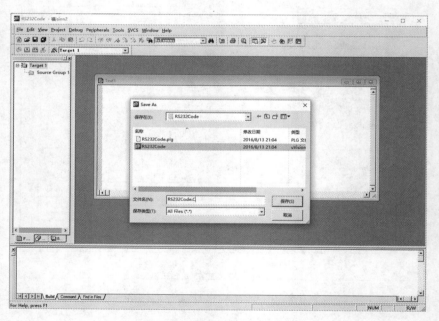

图 8.32 保存空白的 C 文件

　　本例使用的文件名为 RS232Code.c，这个文件名是可以任意修改的。为了统一规范，建议 C 语言源代码文件名与工程名一致，仅使用后缀名区分。然后点击"保存"按钮保存空白文档。在 Source Group 1 上点击右键，选择 Add Files to Group 'Source Group 1'，添加刚刚新建的 C 文件到工程中，如图 8.33 所示。

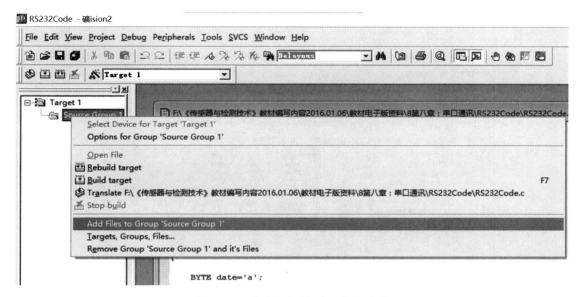

图 8.33　"添加文件到工程"命令

在弹出的对话框中选择 RS232Code 文件，然后点击 Add 按钮，即添加成功。

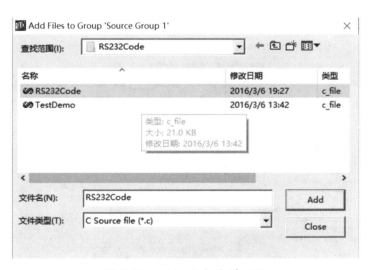

图 8.34　添加 C 文件到工程

　　在操作过程中有个要点，就是 Add 只需要点击一次即可添加文件，且点击后在左边的工作空间中可以看到目录前面出现了＋号，然后直接点击图 8.34 中的 Close 按钮关闭对话框。

　　第四步：输入源代码与编译。在操作过程中有一种加快开发进度的方式，就是程序的主体源代码实际上是可以生成的，只需要修改一些必要的代码即可。在 RS232 通信的源代码中，当涉及到接口技术部分时可能难以编写。因此可以使用 STC 软件自动生成通信部分的源代码框架，然后根据算法 8.2 与算法 8.3 进行应用代码的设计。

（1）打开 STC-ISP 下载软件，如图 8.35 所示。

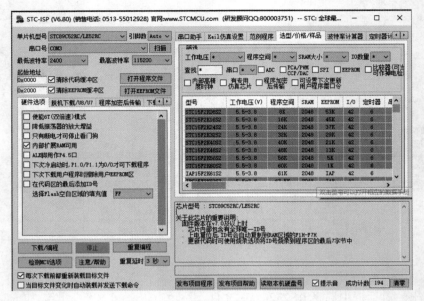

图 8.35　启动 STC-ISP 下载软件

（2）点击"范例程序"标签，如图 8.36 所示。

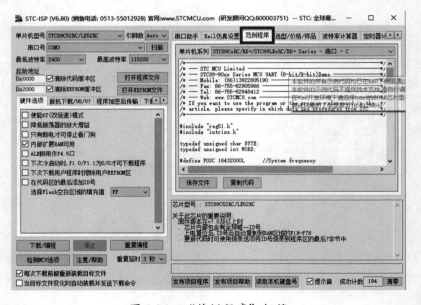

图 8.36　"范例程序"标签

（3）选中 STC89C52RC 系列芯片，如图 8.37 所示。

图 8.37　选择 STC89CxRC/RD+

注意单片机系列中没有 STC89C52RC 芯片，只有 STC89CxRC 这种型号。STC89CxRc 芯片是一类芯片，STC89C52RC 芯片包含在这类芯片系列中。

（4）查找串口通信例子代码，如图 8.38 所示。

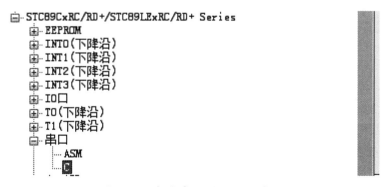

图 8.38　查找串口通信例子代码

点击图 8.38 中串口的 C 代码之后，在 STC-ISP 软件中即显示了串口通信的全部 C 代码，如图 8.39 所示。

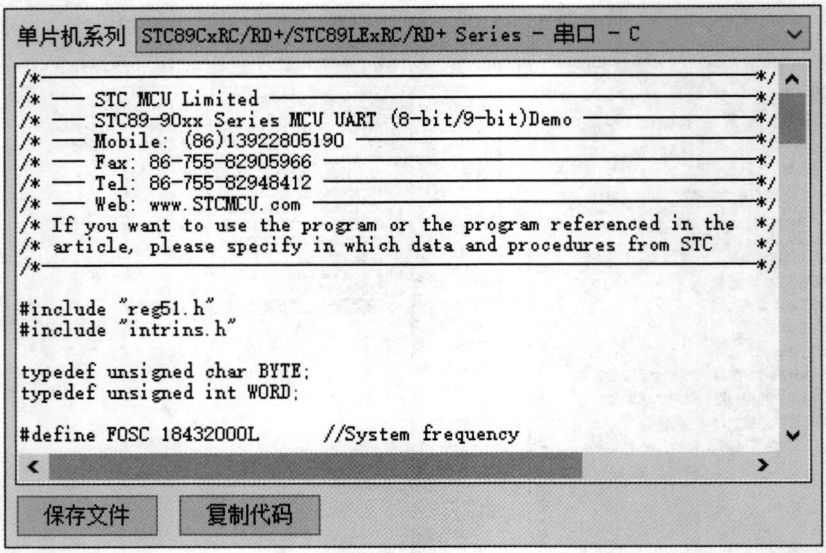

图 8.39　STC-ISP 软件生成的串口 C 代码

　　点击"复制代码"按钮，复制全部代码。将复制的源代码粘贴到工程的源代码编辑器中，如图 8.40 所示。

图 8.40　复制源代码到工程代码编辑器中

　　（5）测试复制源代码的编译情况。点击"编译"按钮查看编译之后的结果，如图 8.41 所示。

图 8.41　编译复制过来的测试代码

由图 8.41 可知，该源代码没有任何问题，完全可以作为程序框架使用。后续便可以开始修改该源代码，使其满足设计要求。

依照算法 8.2 与算法 8.3 修改源代码，修改后的源代码如下：

/*--*/
/* --- 武汉软件工程职业学院 ----------------------------------*/
/* --- 计算机学院嵌入式系统工程专业 / 物联网专业 ----------------------*/
/* --- Mobile: 00000000000　　-----------------------------------*/
/* --- Fax: 86-000-00000000 -------------------------------------*/
/* --- Tel: 86-000-00000000 -------------------------------------*/
/* --- Web: www.whvcse.com --------------------------------------*/
/* If you want to use the program or the program referenced in the */

```
/* article, please specify in which data and procedures from STC   */
/* 本代码例子参照 STC 公司提供的样例设计，在此对 STC 公司表示感谢 */
/*----------------------------------------------------------------*/
#include <STC89C5xRC.H>
#include "intrins.h"

#define FOSC 18432000L     //System frequency
#define BAUD 9600          //UART baudrate

typedef unsigned char BYTE;
typedef unsigned int WORD;

BYTE buff[4];
BYTE NOTICE=0;
BYTE FLAG=0;
bit busy=0;

void delay(int);
void SendData(BYTE dat);
void SendString(char *s);
void UartInit(void);

void main(void)
{
    BYTE date='a';
    UartInit();
    delay (3000);
    SendString("\r\nTest Code Start...\r\n");
    while(1)
    {
        //L1：等待上位机发来命令
        while (!NOTICE);
        // 清除通知，以便于后续能够继续使用
        NOTICE = 0;
        //L2：如果发来的命令不正确，则转到 L1
        if ((buff[0]==0xAA)&&(buff[3]==0x55))
        {
```

```
//L3：根据命令的不同情况做
//L3.1：同时操作 P0 与 P2 全部 LED
//L3.2：同时操作 P0 口的 LED
switch(buff[1])
{
    case 0X0F:
    {
        P0 = ~buff[2];
        P1 = ~buff[2];
    };break;
    case 0x00:
        P0 = ~buff[2];
        break;
    default:
        break;
}
}
}

}

void UartInit(void)              //9600bps@18.432MHz
{
    SCON = 0x50;          //8-bit variable UART
    TMOD = 0x20;           //Set Timer1 as 8-bit auto reload mode
    TH1 = TL1 = -(FOSC/12/32/BAUD); //Set auto-reload vaule
    TR1 = 1;              //Timer1 start run
    ES = 1;               //Enable UART interrupt
    EA = 1;               //Open master interrupt switch
}

void delay(int n)
{
    int i;
    for (i=0 ; i<n ; i++);
}
```

```
/*---------------------------
UART interrupt service routine
--------------------------*/
void Uart_Isr()                          //interrupt 4 using 1
{
  if(RI)
  {
    RI = 0;           //Clear receive interrupt flag
    if (SBUF == 0XAA)
      FLAG = 0;
    if (FLAG==3)
      if (SBUF ==0X55)
        NOTICE=1;
    buff[FLAG] = SBUF;
    ++FLAG;
    FLAG = FLAG % 4;
  }
  if(TI)
  {
    TI = 0;           //Clear transmit interrupt flag
    busy = 0;         //Clear transmit busy flag
  }
}


/*---------------------------
Send a byte data to UART
Input: dat (data to be sent)
Output:None
--------------------------*/
void SendData(BYTE dat)
{
  while(busy);        //Wait for the completion of the previous data is sent
  ACC = dat;          //Calculate the even parity bit P (PSW.0)
  SBUF = ACC;         //Send data to UART buffer
  busy = 1;
}
```

```
/*---------------------------
Send a string to UART
Input: s (address of string)
Output:None
---------------------------*/
void SendString(char *s)
{
    while (*s)          //Check the end of the string
    {
        SendData(*s++);     //Send current char and increment string ptr
    }
}
```

以上即为软件设计的全部源代码，以便于读者进行测试与实际调试。由于源代码过长，后续章节中将不再给出全部源代码，只给出关键部分的源代码，其余部分由读者自行完成。

8.5　系统联合调试

完成源代码设计后，下载源代码到开发板开始系统的联合测试。

第一步：编译并下载源代码到电路板上，下载过程如图 8.42 所示。

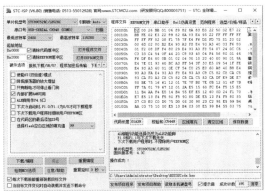

图 8.42　下载代码的过程

第二步：打开 STC-ISP 软件的"串口助手"。点击 STC-ISP 软件的"串口助手"标签，如图 8.43 所示。

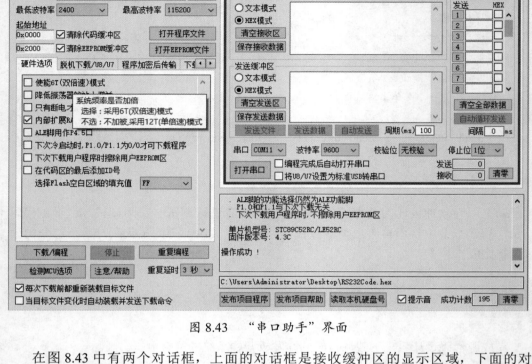

图 8.43   "串口助手"界面

在图 8.43 中有两个对话框，上面的对话框是接收缓冲区的显示区域，下面的对话框是发送缓冲区的显示区域。无论是接收缓冲区还是发送缓冲区都有两种显示模式：文本模式与 HEX 模式。HEX 模式表示十六进制模式，例如需要发送四字节十六进制的命令 0XAA 0X00 0XFF 0X55。那么应该在输入缓冲区的输入对话框中输入 AA00FF55，并且选择"HEX模式"，表示把 AA00FF55 这串符号作为十六进制数来输入。下面以 0XAA 0X00 0XFF 0X55 为例一步一步操作与演示输入与输出的过程。

第三步：设置串口号、波特率、校验位、停止位等参数。本例由于使用的是 USB 转串口模块，因此串口号为 COM11，波特率代码为 9600，无校验，停止位默认。

注

串口一定要选择端口号，端口号在计算机的"设备管理器"中的端口处查询。如果使用的是电脑主板后面（鼠标与键盘下面）的 COM 口则默认为 COM1；如果采用的是 USB 转 RS232 模块，则需要在设备管理器中查询端口号。图 8.44 为本例的端口号查询结果。

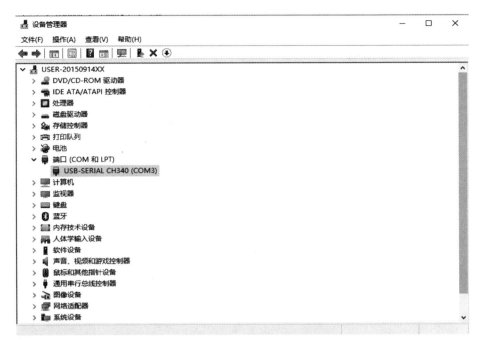

图 8.44　串口端口号查询结果

点击"打开串口"按钮，如图 8.45 所示。

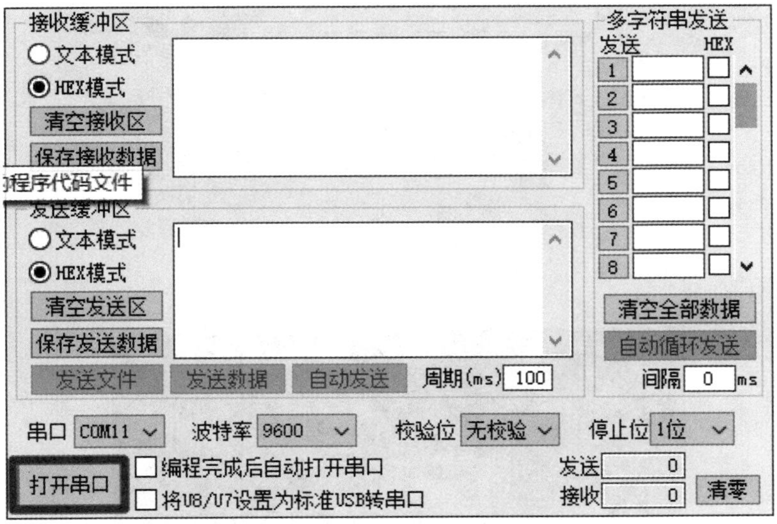

图 8.45　"打开串口"按钮

点击"打开串口"之后，"发送文件""发送数据""自动发送"三个按钮从灰色变成可以点击。如果需要计算机把数据传输给单片机，则在输入框中输入数据，然后通过点击"发送数据"按钮来将数据通过物理线路传输到单片机开发板即可。点击"打开串口"按钮后的界面如图 8.46 所示。

第 8 章

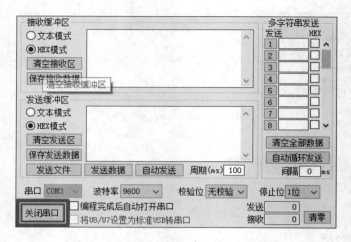

图 8.46 点击"打开串口"后的界面

第四步：输入命令符号串 0XAA 0X00 0XFF 0X55 并用十六进制发送。在输入框中输入 AA00FF55，选择"HEX 模式"，点击"发送数据"按钮将数据发送出去，如图 8.47 所示。

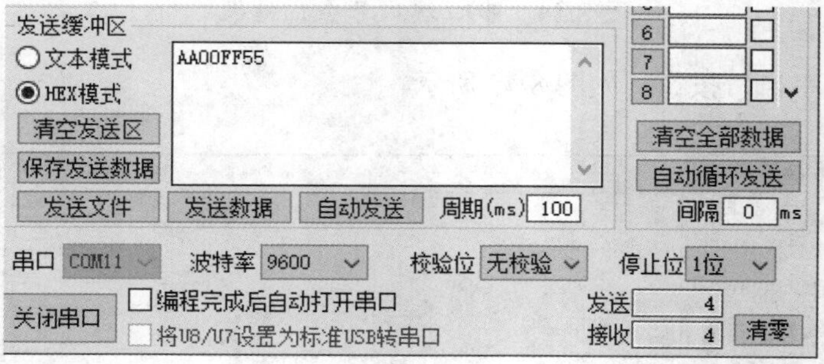

图 8.47 发送数据

第五步：观察开发板收到命令的情况，如图 8.48 所示。

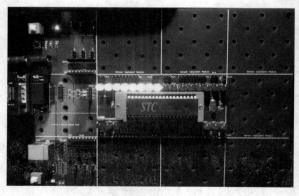

图 8.48 单片机执行计算机命令图

图 8.48 中 P0 口全部被点亮，表示单片机电路正确地执行了命令符号串 0XAA 0X00 0XFF 0X55。当然，读者还可以对该串行通信进行进一步的测试。

8.6　本章小结

本章简要描述了采用 RS232 标准的计算机通信系统由整体设计到实现的全部过程，这个例子是完全可以用于实际应用当中的。本章还介绍了采用 MAX232 芯片进行 RS232 串行通信模块的硬件设计过程、采用 CH340 芯片设计 USB 转 RS232 模块的硬件设计过程，这些模块在实际应用中非常广泛。

8.1 节简要介绍了 RS232 标准通信系统的应用。

8.2 节说明了 RS232 标准通信系统的系统设计目标与项目规范。

8.3 节重点描述了简单 RS232 标准通信系统的设计思想与设计架构，采用了两种方式来设计硬件。第一种是采用 MAX232 芯片进行硬件设计，并详细介绍了设计过程。第二种采用 CH340 芯片进行硬件设计，其目标是为了满足当前主流使用的 USB 转 RS232 标准的应用需求。

8.4 节重点描述了软件系统的设计与实现。8.4.1 节详细介绍了算法设计的初步思想，并尽可能使用简单的语言与简单的表达方式来描述算法的设计过程。其主要目标是能够采用计算机编程语言来实现算法。算法的整理事实上是对设计思路的归纳，使该思路适合于计算机处理的方式，这样才能使用计算机语言来描述该算法。8.4.2 节使用实际的 C 语言完整地描述了该算法思想，并且，为了让读者了解快速开发的方法，介绍了软件可以生成代码的这种功能。事实上，在目前很多嵌入式开发过程中，套用成熟的设计方式是业界的共识。

8.5 节介绍了采用 STC-ISP 软件进行串行通信的方法，STC-ISP 软件不仅能够下载 HEX 可执行代码到单片机开发板上使单片机执行 C 代码，还能作为计算机上的通信软件与单片机开发板进行通信。

后续的章节中将继续采用 STC-ISP 软件来进行进一步的通信，并将其作为计算机干预测控系统的计算机端软件来使用。

【项目实施】

E8.1 简单串口通信系统硬件的设计与实现

E8.2 简单串口通信系统软件的设计与实现

E8.3 提交全部项目资料

第9章
简单计算机测控系统

简单计算机测控系统是将自动控制系统与计算机通信联合起来进行设计与实现的一个简单计算机干预测控系统。本章介绍的计算机测控系统是通过结合第 8 章的 RS232 通信系统与第 7 章的简单测控系统，以及其他章节的知识来设计与实现的一个基本的计算机干预控制系统。

本章的主要顺序为：第一，给出简单计算机测控系统的项目规范，其中包含需要实现的具体功能；第二，对物理电路的连接方式进行介绍；第三，实际搭建出该简单计算机测控系统；第四，通过编写控制代码对该计算机测控系统进行测试与使用。

本章需要掌握的要点如下：
- ✓ 简单计算机测控系统的物理电路设计思想与实际搭建
- ✓ 简单计算机测控系统的软件算法设计思想
- ✓ 使用 C 语言编写软件实现简单计算机测控系统的行为

本章需要了解的要点如下：
- ✓ 简单计算机测控系统的基本原理
- ✓ 简单计算机测控系统的简单项目规范

9.1　计算机干预测控系统简介

第 7 章的 7.1 节简单介绍了入侵检测系统，本章希望通过基于前面章节的设计来完成一个带有计算机干预的测控系统。该系统需要达到两方面的能力，第一方面是系统本身独立，大致与第 7 章一致；第二方面是系统能够完成基本的计算机通信能力。即由计算机干预该独立系统的工作过程，该系统能够实时向计算机汇报其工作状态。其基本设计结构如图 9.1 所示。

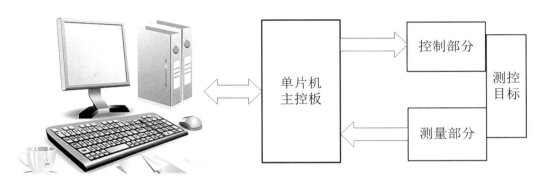

图 9.1　计算机干预测控系统架构图

图 9.1 表达了本章需要设计与实现的计算机干预测控系统的基本架构。该测控系统的设计思路是利用计算机控制单片机主控系统，也就是在单片机的测控系统过程中引入计算机的干预过程。其中计算机与单片机主控系统之间实现双向通信，单片机主控系统一方面获取测量的数据，一方面对控制部分进行控制调节。对于被测目标而言，这属于一个简单的闭环自动控制系统。本章的目标是在这个简单的自动控制过程中能够引入计算机的干预，将系统状态反馈给计算机，并由计算机进行突发的决策干预过程。

9.2　简单计算机干预测控系统设计目标与项目规范

本章希望能够完成具有一定实际功能、计算机干预的自动控制系统。因此将目标定位为一个受到计算机控制的感应灯系统。计算机能够随时干预该系统的开启工作与停止工作，当该系统开启工作时，检测外部信号立即启动继电器开灯，并在信号离开一段时间之后关灯，其工作过程与感应灯一致；当该系统处于停止工作状态时，无论是否有外部信号都不作任何操作。并且该系统能够不间断地发送外部状态信号与灯开关状态信号到上位机系统。总结起来有两条主要路径是完成上述思路的要点。

路径一：当收到计算机发送的开启工作信号之后启动本地自动控制过程，实时监测外部信号，一旦产生外部信号则启动继电器直到外部信号消失一段时间，而且在此过程中实时传输当前的测控信号数据到计算机端。

路径二：当收到计算机发送的停止工作信号之后关闭本地自动控制过程，则此时无论是否存在外部信号，本地系统均不作任何响应，但是在此过程中仍然将本地测控信号实时传输到计算机端。

这两条路径的工作过程符合白天光线充足，无需感应灯工作，晚上需要感应灯工作的简单应用目标。并且可以通过计算机来设定，长期实时跟踪测控现场的状态，以形成长期数据的目标。从系统化思想的角度看，长期的数据可以形成预测、决策、统计、分析、优化等以数据挖掘为目标的高级应用，实际上类似的应用模式也为物联网大数据起到了前端信息收集的作用，这是采用计算机干预的根本目的。

9.2.1　简单计算机干预测控系统的设计目标

设计与实现一个能够在计算机的干预下工作的单片机控制感应照明灯系统，要与光电开关模块、继电器模块、通信模块等联合完成。依照上面的两个路径来分析整体系统行为的过程：

（1）单片机系统启动后将有两种可能，一种是等待计算机发来命令以确定是进入开始工作状态还是进入停止工作状态。但是考虑到单片机系统在等待的过程中并没有工作，也就是相当于进入了停止工作状态，所以开机应该直接进入停止工作状态。

（2）根据（1）的分析，开机直接进入停止工作状态后，单片机系统应当向计算机系统不间断地发出采集的数据信号，因此采集数据的软件应当是独立运行的，在单片机系统中采用定时器中断来实现。

（3）当收到计算机发来的开始工作命令则进入开始工作状态。即便是开始工作状态也应当实时发送数据到计算机，包括定时器中断软件部分实时采集的信号。

（4）开始工作状态的行为：单片机系统等待采集光电传感器的信号，如果有则启动继电器开灯；当信号消失一段时间后关闭继电器，则灯被关闭；此过程一直重复。

（5）开始工作命令与停止工作命令的切换，当在工作状态收到停止工作命令时，应当在完成当前任务之后再进行切换，开始工作命令则无此问题。命令接收只需要串口中断即可。

通过上述系统行为的分析，并参照图9.1可以先行设计出硬件的基本连接框架，该框架只需要考虑几个典型接口即可，即计算机与单片机的连接接口、单片机与光电传感器模块的连接接口、单片机与继电器模块的连接接口、灯与继电器模块的连接接口等。其典型的连接方式如图9.2所示。

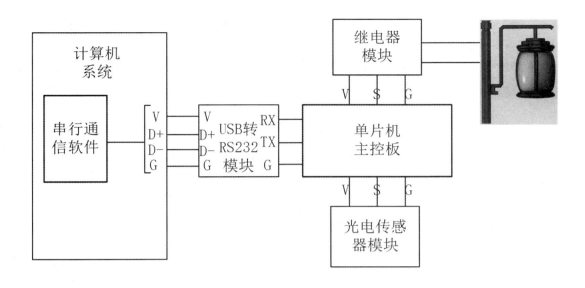

图 9.2　典型连接方式

　　计算机系统与单片机之间的通信通常是通过 RS232 进行的，当然也可以采用 USB 转 RS232 模块来进行通信。那么计算机与 USB 转 RS232 模块之间的连接应该有 V、D+、D-、G 四根线。RS232 模块与单片机之间的通信只需要 RS232 标准的三根线 RX、TX、GND 即可。单片机与光电传感器模块之间的连接需要使用三根线：VCC、S、GND，其中 S 表示信号线，该信号线为单片机输入采集信号。单片机与继电器模块之间的连接也需要使用三根线：VCC、S、GND，同样其中的 S 表示信号线，该信号线为继电器模块输出控制信号。注意继电器模块与照明灯之间有两根线，将继电器模块当成一个开关，则这两根线实际上是一根线，即继电器模块控制这根线路的接通与断开。对于照明灯而言，系统只需要控制其电路的通断即可；当然如果要考虑照明灯的节能问题，则这个继电器模块就过于简单了，应当设计新的节能控制模块。

9.2.2　简单计算机干预测控系统的项目规范

[任务名称] 简单计算机干预测控系统设计要求

[目标简述] 完成简单计算机干预下的感应照明灯测控系统

[具体功能]

　　（1）单片机系统启动后直接进入停止工作状态，等待计算机发送开始自动工作命令。

　　（2）计算机系统发送开始工作命令，单片机系统进入自动工作状态。

　　（3）计算机系统发送停止工作命令，单片机系统进入停止工作状态，并等待计算机发送开始工作命令。

　　（4）无论在开始工作状态还是在停止工作状态，单片机系统都应该实时向计算机系统传输测控端目标接口的工作状态数据。

（5）单片机系统连接光电开关模块，该模块的功能为采集外部开关信号，该信号表示是否有人通过。

（6）单片机系统连接继电器模块，该模块的功能为控制外部 220V 交流照明灯的亮与灭。

（7）计算机与单片机系统通信通过 RS232 串口进行。

（8）命令协议格式，如表 9.1 所示。

表 9.1　命令协议格式

协议字节顺序	第一字节	第二字节	第三字节	第四字节
协议格式含义	数据头	操作类型选择	操作内容	数据尾
系统开启	0XAA	FF	FF	0X55
系统关闭	0XAA	FF	00	0X55

 注

传输的时候先从第一个字节开始传输，计算机与单片机都是如此。

[要求]

（1）必须写出算法文档（中文、伪代码均可）。

[注意]

1）主程序一个算法。

2）每个子程序（函数）各自一个算法。

（2）必须画出程序流程图。

[注意]

1）主程序一个程序流程图。

2）每个子程序（函数）各自一个程序流程图。

（3）源代码上交与注释规范。

1）硬件测试文档，硬件测试文档上交文件名为：

XXX 硬件测试文档 .DOC。

2）必须给出软件代码测试的测试用例表格，软件代码测试文档上交文件名为：

XXX 软件测试文档 .DOC。

3）必须给出实体系统功能的功能说明书，功能说明书上交文件名为：

XXX 功能说明书 .DOC。

4）原理图、PCB 文档。原理图与 PCB 文档依照要求完成即可。

5）本项目完成过程中的问题文档，上交文件名为：

问题文档 .DOC。

6）讲解 PPT，讲解 PPT 上交文件名为：

　　模块项目讲解文件 .PPT。

7）全部文档资料整理打包，文件名为：

　　序号 _ 姓名 .rar。

　　[注意] 序号 _ 姓名 .rar 打包文件目录列表：

　　① XXX 算法文档 .DOC。

　　② 程序流程图 .DOC。

　　③ XXX.C。

　　　　[注意] 源代码需要达到如下要求：

　　　　● 源代码中最上面一行加一个注释，写上：序号 _ 姓名。

　　　　● 源代码关键位置给出注释。

　　　　● 函数的开始处写上注释。

　　④ XXX 硬件测试文档 .DOC。

　　⑤ XXX 软件测试文档 .DOC。

　　⑥ XXX 功能说明书 .DOC。

　　⑦ 原理图与 PCB 文件。

　　⑧ 问题文档 .DOC。

　　⑨ 模块项目讲解文件 .PPT。

9.3　硬件系统设计与实现

　　硬件系统的设计相对比较简单，只需要考虑如何实现图 9.2 的设计思路即可。在图 9.2 中，只需要明确考虑几个接口部分的连接方式、并采用确定的连接方式选择接口线路即可，确定需要连接的几个部分如下：

　　（1）计算机与通信模块的连接方式。

　　（2）单片机与通信模块的连接方式。

　　（3）单片机与继电器模块的连接方式。

　　（4）单片机与光电传感器模块的连接方式。

　　（5）继电器模块与外部受控的市电电路部分的连接方式。

　　下面就这几个方面的连接进行实际操作，并在实际线路连接完成之后，采用一定的方式进行简要测试，以确定这些线路连接均无问题。

9.3.1　接口设计与实现

　　前面已经详细说明了需要确定连接的五个关键部分，下面就对这五个连接方式进行详细说明。

　　（1）计算机与通信模块的连接方式

　　计算机与通信模块的连接方式相对简单，如果计算机自带串口则直接可以采用

RS232 串口通信模块与其进行连接；如果计算机不带串口则使用 USB 转串口通信模块与其进行连接。典型的 USB 转串口通信连接方式如图示 9.3 所示。

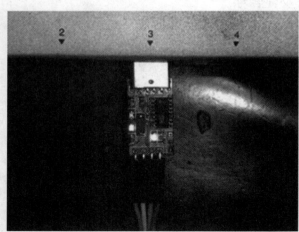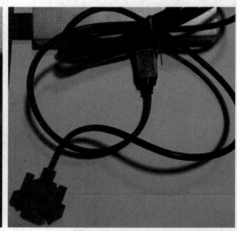

图 9.3　USB 转串口通信连接图

图 9.3 中的左图是第 8 章设计与实现的 USB 转 RS232 串口模块，右图是 USB 转 RS232 串口转换线。如果计算机自带 RS232 接口则可以采用专门的 RS232 串行线，第 8 章的图 8.8 与图 8.9 显示了这种 RS232 串行线及其接头部分。采用图 9.3 的两种设备均可以连接到计算机端，上述设备的另外一端可以连接到单片机主控板。显然，图 9.3 中有两种不同的 USB 转 RS232 串行通信线路设计方式，因此如果采用 USB 转 RS232 模块与计算机进行通信，该转换模块连接单片机模块一端也有两种接口形式。

（2）单片机与通信模块的连接方式

单片机与通信模块的连接方式有两种：一种为自行设计的模块直接使用跳线连接，另外一种方式即为采用 USB 转串口模块的通用线的接头部分（DB9 接头）进行连接。如果采用 DB9 接头进行连接则单片机主控板上应当有 DB9 接头引出部分，事实上可以理解为将 RS232 模块部分设计到了单片机主控板上。两种情况的实际详图如图 9.4 所示。

图 9.4 的左图显示了我们自行设计的 USB 转 RS232 串口模块直接通过一个四针的跳线接头连接到单片机主控板上；右图采用了一根通用的 USB 转 RS232 商用连接线连接到单片机主控板上。读者应当注意两图的区别，在左图中没有 RS232 芯片部分，USB 转 RS232 串口模块直接通过跳线连接到了单片机的引脚上；而右图中采用的商用 USB 转 RS232 串口线是通过一个 DB9 的接头连接到单片机主控板上的，注意主控板上的 DB9 接头下面有一个芯片，该芯片是兼容 RS232 标准的 MAX232ESE 芯片，为 SO16 贴片封装。

图 9.4 USB 转 RS232 串口模块与设计电路板之间的连接图

（3）单片机与继电器模块的连接方式

继电器模块与单片机的连接方式与前述章节一致，电路图与实物图如图 9.5 所示。

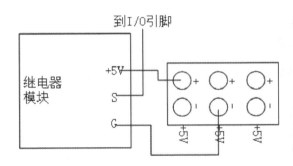

图 9.5 继电器模块的连接图

图 9.5 中的左图是继电器模块到单片机模块的连接电路，右图是实际连接的线路图片。

（4）单片机与光电传感器模块的连接方式

光电传感器模块与单片机的连接方式与前述章节一致，电路图与实物图如图 9.6 所示。图 9.6 的左图是光电传感器模块到单片机模块的连接电路图，右图是实际连接的线路图。

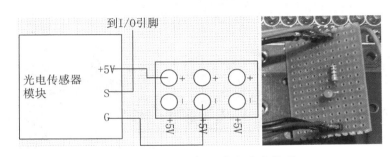

图 9.6 光电传感器模块的连接图

（5）继电器模块与外部受控的市电电路部分的连接方式

继电器模块与外部受控的市电电路连接方式十分简单，由于继电器模块相当于一个开关，因此控制 220V 市电中某一根线的通断即可。当然，在实际中控制火线比控制零线更好。可以通过试电笔来测试该线是否为火线，试电笔测试亮度较高的线为火线。其基本的控制连接方式如图 9.7 所示。

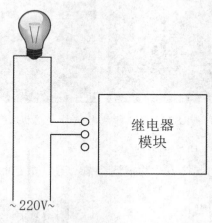

图 9.7　继电器与市电线路连接图

在图 9.7 中的 220V 处表示接到交流插座上形成电力回路。其中继电器模块等同于一个受控的开关。

9.3.2　硬件测试

硬件测试依照第 5 章测试中的五个步骤进行。先测试各个接口的功能，以确保模块可用。这里需要说明的是，为了方便在任何计算机上使用，所以本例采用通用 USB 转 RS232 串行线连接单片机主控板，且采用的单片机主控板为将 RS232 模块设计到电路板上的类型。全部安装完成的电路板如图 9.8 所示。

图 9.8　连接好全部硬件的整体图

（1）测试 USB 转 RS232 串口通信部分

测试 USB 转 RS232 的串口通信部分采用的方法比较简单，下载一个 HEX 文件到主控板上看能否成功执行整个下载过程即可。因此要点是下载过程，而非下载文件。这里介绍一种简单的方法"制造"一个能够被下载软件识别的下载文件，为只需要进行下载测试的时候提供方便，从而省略了创建工程、设置工程、写代码、编译的过程。下面我们就来介绍这种简单的创建一个下载文件的过程。

第一步：新建一个文本文档，如图 9.9 所示。

图 9.9　新建文本文档

第二步：打开文本文档，任意输入几个符号（随便敲入几个符号即可），然后保存关闭，如图 9.10 所示。

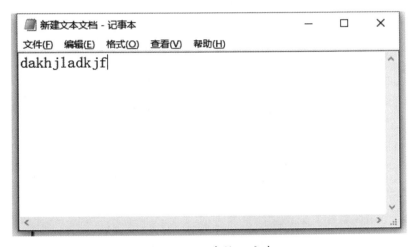

图 9.10　任意输入文本

第三步：修改文本文档的后缀名为 .bin，如图 9.11 所示。

图 9.11　修改后缀名为 .bin

至此，我们就创建了一个可以下载到单片机的文件。当然，读者需要注意的是这个文件是没有任何作用的，只是用于检测是否能成功完成整个下载过程，当然，也检测 USB 转 RS323 线路是否有效。

第四步：打开 STC-ISP 软件，选中刚刚创建的 bin 文件，如图 9.12 所示。

图 9.12   选中创建的 bin 文件

然后点击"打开"，注意右边"程序文件"框中可以看到输入符号的 ASCII 码。如图 9.13 所示。

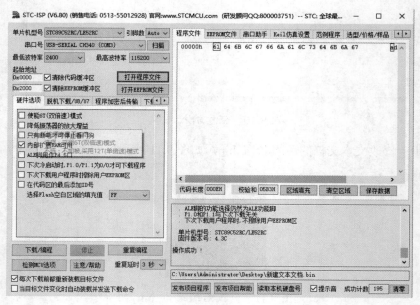

图 9.13   输入的数据显示在"程序文件"中

第五步：点击"下载／编程"，对单片机主控板进行冷启动，完成下载过程。如果能够正常下载则说明通信链路基本正常。当然最后还是需要串行通信软件能发送与接收测试才能确保通信彻底成功。图 9.14 表明了任意创建的 bin 文件是可以成功下载到开发板上的，只是其没有实际作用。

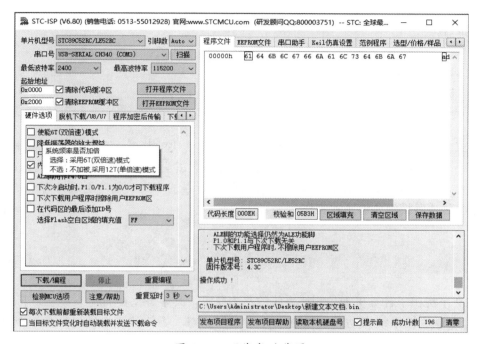

图 9.14　下载成功截图

（2）测试继电器模块

与前面章节的继电器模块测试类似，采用以下步骤进行继电器模块测试：

1）新建一个工程。

2）编写代码。

3）编译软件并生成 HEX 文件。

4）下载 HEX 文件到核心板。

5）观察模块的基本行为是否正确，若不正确则从 2）开始查找问题。

测试时采用的算法如下：

```
while(1)
{
    RELAY = 1;
    delay(3000);
    RELAY = 0;
    delay(3000);
}
```

测试成功的现象为：继电器模块交替发出开关闭合的声音。

（3）测试光电传感器模块

光电传感器模块的测试方法也与前述章节基本一致，测试过程与继电器模块测试的过程一致，使用的算法如下：

```
while(1)
{
    while(SensorSig == 0) Led =1;
    LED = 0;
}
```

测试成功的现象为：当有物体挡住光电传感器模块的测试头部时，单片机电路板上有一个 LED 亮起；当物体从光电传感器模块的测试头部移开，该 LED 灭。读者可以依据上述的软件代码设计思想实际编写代码进行测试，测试成功之后方可确认继电器与光电传感器模块能够正常工作。

9.4　软件系统设计与实现

9.2.2 节提出了计算机干预测控系统的基本要求，其中最重要的几个要求如下：

（1）单片机系统启动后直接进入停止工作状态，等待计算机发送开始自动工作命令。

（2）计算机系统发送开始工作命令，单片机系统进入自动工作状态。

（3）计算机系统发送停止工作命令，单片机系统进入停止工作状态并等待计算机发送开始工作命令。

（4）无论在开始工作状态还是在停止工作状态，单片机系统都应该实时向计算机系统传输测控端目标接口的工作状态数据。

（5）单片机系统连接光电开关模块，该模块的功能为采集外部开关信号，该信号表示是否有人通过。

（6）单片机系统连接继电器模块，该模块的功能为控制外部 220V 交流照明灯的亮与灭。

（7）计算机与单片机系统通信通过 RS232 串口进行。

综上所述，系统的软件设计存在四个最重要的部分，即两种工作状态、两个并行功能。下面就对这两种工作状态与两个并行功能进行初步的分析，并逐步进行算法设计与软件设计工作。

9.4.1　算法设计

在算法设计中首先分析上面提到的两种工作状态与两个并行功能的问题。两种工作状态是：开始工作状态、停止工作状态。两个并行功能是：实时传递单片机主控板上的数据到计算机的功能、随机接收计算机发来的状态切换命令功能。

为了满足上述的七个功能性需求与四条主线上的分析，可以采用功能简图来描述这些应用需求，如图 9.15 所示。

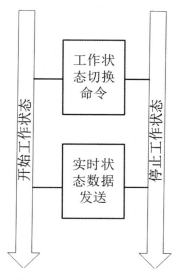

图 9.15　应用功能分析简图

从图 9.15 可知，无论是开始工作状态还是停止工作状态，都有接收工作状态切换命令功能、也都需要将实时的状态数据传输到上位机的功能。因此实际的应用功能分析简图应当具有三大功能部分：

（1）基本工作状态下应当实现的功能部分。

（2）接收工作状态切换命令功能部分。

（3）实时状态数据传输到上位机功能部分。

在上面的三个主体功能部分中，第（1）点是基本功能，当有开始工作的要求时，其内部只需要处理启动自动控制过程的动作即可；当停止工作时，则关闭该自动控制过程。

由于第（2）点接收工作状态切换命令功能部分是随机出现的事件，即单片机系统无法知道计算机系统什么时候给其下达切换工作状态命令，因此该事件为随机事件。在单片机系统中处理随机事件的最佳办法就是采用中断。因此第（2）点最优选择为在中断中处理该任务。

基于同样的道理，第（3）点也可以采用中断来处理，考虑到传输到上位机的这些数据没有强实时性的要求，因此也可以考虑不采用中断来处理。如果不采用中断处理，那第（3）点可以考虑与第（1）点合并处理。

至此，大体的功能性分析过程就结束了，下面就来考虑算法的设计过程。这里直接给出一个参考的算法，当然，读者完全可以提出更好的算法来改进下面的设计。

在算法 9.1 的 S2.2 中出现了一个定时发送时间的说法，由于状态是不停变化的，但随机发送数据需要一段时间。一般情况下采用定时获取数据，然后发送数据的方式较为合适，因此是采用一段时间之内采集到的数据，然后发送到上位机，让上位机去接收这些数据。算法 9.1 解决了（1）和（3）的问题，但是没有解决（2）的问题，也就是没有解决如何获取命令的问题。实际上在第 8 章的算法 8.3 中有详细的解释，本例可沿用第 8 章在这部分的设计，则 C 语言描述的算法如下：

算法 9.1　主流程算法

```
算法：单片机端主流程


  S1：系统初始化
  S2：在无限循环中做如下事件
      S2.1 如果上位机有命令发来
          判断是否为 启动工作过程命令
             {
                    如果采集到外部信号　启动继电器
                 否则　　关闭继电器
             }
      S2.2 如果定时发送时间到
         {
              S2.2.1 发送外部光电传感器模块的状态到上位机；
              S2.2.2 发送继电器的工作状态到上位机；
              S2.2.3 把发送定时器置零
         }
     }
```

在程序 9.1 中的 buff 缓冲区判断部分采用了第 8 章的用 C 语言实现算法 8.3 的部分。在发送数据到上位机部分，SendString 操作发送到上位机的是一串字符，是状态判断语句，即 RfSig?"CLOSE":"OPEN" 这类语句，该语句用于判断外部是否检测到光电传感器模块前端有物体，如果有则显示字符"OPEN"，否则显示"CLOSE"。继电器模块的状态检测也采用类似方式来进行操作。至于上位机部分如何处理收到的这些状态数据不在本书讨论之列，但是读者可以采用成熟软件来读取这些符号串，例如 STC-ISP 软件。这种方法的最终效果是让上位机能够获取下位机的工作状态，并能够通过某种通信方式（例如串口通信）来对下位机系统进行直接的干预与控制。

9.4.2　软件设计

完成算法设计之后便可以进行实际的软件设计。下面通过配图解说的方式来说明该过程。

第一步：建立工程并创建全部工程文件，如图 9.16 所示。

程序 9.1　使用 C 语言描述的算法 9.1

```
算法：单片机主流程
    SysInitial();

    while (1)
    {
        if (NOTICE)
        {
            if ((buff[1]==0XFF) && (buff[2]==0XFF))
            {
                if (RfSig) Relay = 1;
                else Relay = 0;
            }
        }
        if (SEND)
        {
            SendString(SWITCHER);
            SendString(RfSig?"CLOSE":"OPEN");
            SendString(RELAY);
            SendString(Relay?"CLOSE":"OPEN");
            SendString("\r\n");
            SEND = 0;
        }
    }
```

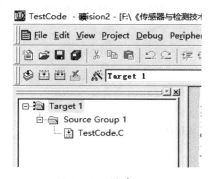

图 9.16　创建工程

第二步：配置工程，设置输出 HEX 文件，如图 9.17 所示。

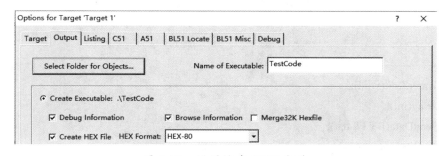

图 9.17　设置输出 HEX 文件

第三步：编写源代码。依照前述的算法文档与第 8 章的设计文档编写源代码。测试的源代码文件如下：

```
/*---------------------------------------------------------*/
/* --- 武汉软件工程职业学院 -----------------------------------*/
/* --- 计算机学院嵌入式系统工程专业 / 物联网专业 --------------------*/
/* --- Mobile: 00000000000     -----------------------------------*/
/* --- Fax: 86-000-00000000 -----------------------------------*/
/* --- Tel: 86-000-00000000 -----------------------------------*/
/* --- Web: www.whvcse.com -----------------------------------*/
/* 本代码例子参照 STC 公司提供的样例设计，在此对 STC 公司开源表示感谢 */
/*---------------------------------------------------------*/
#include <STC89C5xRC.H>
/* define constants */
#define FOSC 18432000L
#define T1MS(65536-FOSC/12/1000)   //1ms timer calculation method in 12T mode
#define BAUD 9600          //UART baudrate
/* define SFR */
sbit TEST_LED = P3^7;          //work LED, flash once per second
sbit RfSig = P0^0;
sbit Relay = P1^0;
typedef unsigned char BYTE;
typedef unsigned int WORD;
/* define variables */
WORD count;                //1000 times counter
BYTE buff[4];
BYTE NOTICE=0;
BYTE FLAG=0;
BYTE SWITCHER[]="\r\nSensor Status: ";
BYTE RELAY[]="\r\nRelay Status: ";
bit busy=0;
bit SEND = 0;
//-------------------------------------------
void Timer2Init(void);
void delay(int);
void SendData(BYTE dat);
void SendString(char *s);
void UartInit(void);
```

```
void SysInitial(void);
//----------------------------------------------

/* main program */
void main()
{
    SysInitial();
    while(1)
    {
        if(NOTICE)
        {
            if ((buff[1]==0xFF) && (buff[2]==0xFF))// 启动自动控制过程
            {
                if(RfSig) Relay = 1;
                else Relay = 0;
            }
        }
        if(SEND)
        {
            SendString(SWITCHER);
            SendString(RfSig?"CLOSE":"OPEN");
            SendString(RELAY);
            SendString(Relay?"CLOSE":"OPEN");
            SendString("\r\n");
            SEND = 0;
        }
    }
}

void SysInitial(void)
{
    Timer2Init();
    UartInit();
    EA = 1;                    //open global interrupt switch
    count = 0;//1000;                //initial counter
    delay(3000);
    SendString("\r\nTest Code Start...\r\n");
```

```
        P0 = 0xFF;
        P1 = 0xFF;
}

void Timer2Init(void)              //100 微秒 @18.432MHz
{
    RCAP2L = TL2 = T1MS;           //initial timer2 low byte
    RCAP2H = TH2 = T1MS >> 8;      //initial timer2 high byte
    TR2 = 1;                //timer2 start running
    ET2 = 1;                //enable timer2 interrupt
}

/* Timer2 interrupt routine */
void tm2_isr()                              //interrupt 5 using 1
{
    TF2 = 0;
    if (count-- == 0)          //1ms * 1000 -> 1s
    {
       count = 1000;           //reset counter
          SEND=1;
    }
}

void UartInit(void)                //4800bps@12.000MHz
{
    SCON = 0x50;        //8-bit variable UART
    TMOD = 0x20;            //Set Timer1 as 8-bit auto reload mode
    TH1 = TL1 = -(FOSC/12/32/BAUD); //Set auto-reload vaule
    TR1 = 1;            //Timer1 start run
    ES = 1;             //Enable UART interrupt
    EA = 1;             //Open master interrupt switch
}

void delay(int n)
{
    int i;
```

```
        for(i=0 ; i<n ; i++);
}


/*--------------------------
UART interrupt service routine
--------------------------*/
void Uart_Isr() interrupt 4 using 1
{
    if (RI)
    {
        RI = 0;          //Clear receive interrupt flag
        if(SBUF == 0xAA) FLAG = 0;
        if(FLAG==3)
            if(SBUF ==0x55) NOTICE=1;
            buff[FLAG] = SBUF;
            ++FLAG;
            FLAG = FLAG % 4;
    }
    if(TI)
    {
        TI = 0;          //Clear transmit interrupt flag
        busy = 0;        //Clear transmit busy flag
    }
}


/*--------------------------
Send a byte data to UART
Input: dat (data to be sent)
Output:None
--------------------------*/
void SendData(BYTE dat)
{
    while(busy);        //Wait for the completion of the previous data is sent
    ACC = dat;          //Calculate the even parity bit P (PSW.0)
    SBUF = ACC;          //Send data to UART buffer
    busy = 1;
}
```

```
/*---------------------------
Send a string to UART
Input: s (address of string)
Output:None
---------------------------*/
void SendString(char *s)
{
    while(*s)              //Check the end of the string
    {
        SendData(*s++);    //Send current char and increment string ptr
    }
}
```

第四步：编译源代码，如图 9.18 所示。

图 9.18　编译源代码并生成 HEX 文件

9.5　系统联合调试

在 9.4 节中相对完整地介绍了软件由算法设计到实现的过程，本节主要介绍如何对该系统进行系统测试的过程。

第一步：启动 STC-ISP 软件，将上一节中编译生成的 HEX 文件下载到单片机主控板上，如图 9.19 所示。

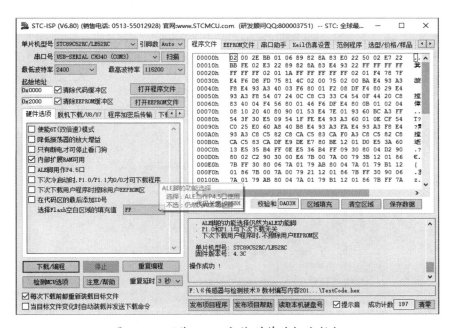

图 9.19　下载 HEX 文件到单片机主控板

注意到为了保持通信过程，不能断开单片机主控板与计算机之间的串行通信连接。

第二步：打开 STC-ISP 软件中的"串口助手"标签，如图 9.20 所示。

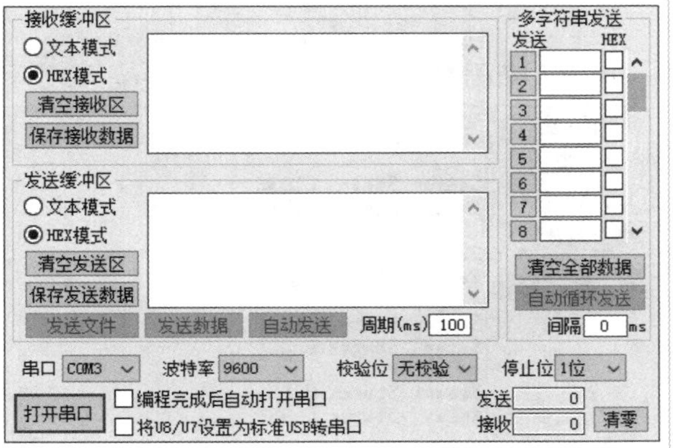

图 9.20　打开"串口助手"

查看源代码可知，串口配置的波特率为 9600，其余参数设置为无校验、停止位 1 位。注意串口自动扫描 USB 转 RS232 通用串口线，并扫描到本机的串口号为 COM11。这种商用的 USB 转 RS232 串行线连接不同的计算机时，显示的串口号不同，在使用时应注意这个问题。一般情况下，STC-ISP 软件能够自动扫描到这个串口号。

第三步：点击"打开串口"，初步观察效果，如图 9.21 所示。

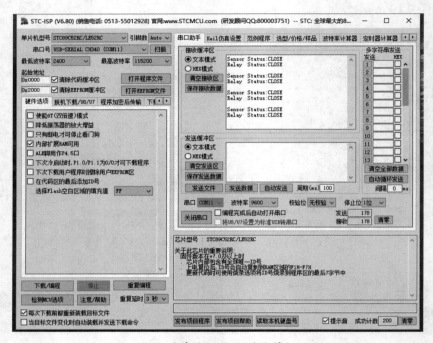

图 9.21　接收到单片机传输到计算机的数据图

在接收缓冲区域中能够看到单片机主控板发送过来的实时监控数据，但此时的光电传感器模块没有接收到任何数据，而且继电器模块也没有任何动作，都显示为 CLOSE。将手遮挡在光电传感器头的前端，此时接收的数据会发生变化，如图 9.22 所示。

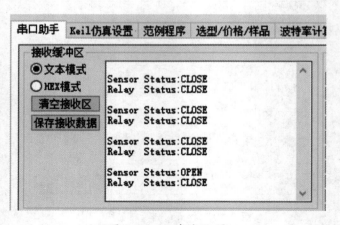

图 9.22　状态变化图

由图 9.22 的对话框中的倒数第二行可知，当将手遮挡在光电传感器前端时，STC-ISP 软件对话框中的状态发生了变化，由 CLOSE 变为 OPEN，这表示已经检测到了这个信号。但是继电器状态还是 CLOSE，说明此时系统应当处于非工作状态，只有信号检测功能，不能实现自动化控制。因此应该通过发送命令尝试启动单片机系统开启自动控制工作状态。

第四步：在"串口助手"的发送缓冲区域中输入启动工作状态命令串 AAFFFF55，用于启动单片机系统，使其进入自动工作状态，如图 9.23 所示。

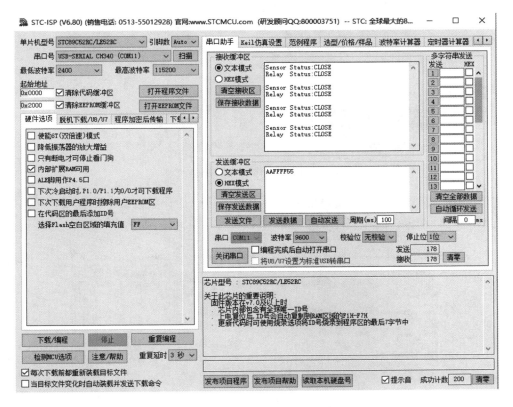

图 9.23　发送"开始工作"命令

在发送开始工作命令时，需要选中"HEX 模式"选项，然后点击"发送数据"按钮。那么此时单片机系统应当处于自动控制模式，并且实时返回数据到上位机的这个接收缓冲区域中。继续用手遮挡住光电传感器的前端，然后观察接收缓冲域中接收到的数据，观察数据是否发生变化。开始工作状态与停止工作状态的根本区别在于接收到了信号之后是否处理，当单片机系统处于开始工作状态则必须处理接收到的信号，其结果如图 9.24 所示。

从图 9.24 中可以看到，不仅传感器接收到信号而且继电器也被控制了。此时继电器发出闭合的声音，且接通了 220V 电灯，达到了检测到物体、开灯的效果。

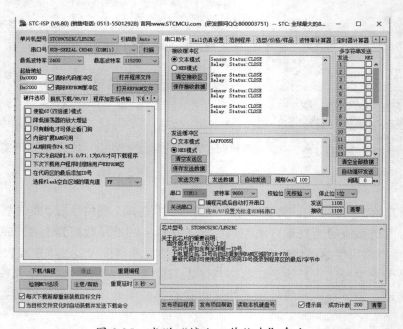

图 9.24　正常工作状态的测控结果

第五步：在"串口助手"的发送缓冲区中输入停止工作状态命令串 AAFF0055，用于停止单片机系统当前正在进行的自动工作状态，如图 9.25 所示。

图 9.25　发送"停止工作状态"命令

在发送停止工作状态命令时，同样应选中"HEX 模式"选项，然后点击"发送数据"按钮。那么此时单片机系统应当处于关闭当前正在进行的自动控制过程，并且仍然能够实时返回数据到上位机的这个接收缓冲区窗口中。因此，再次用手遮挡住光电传感器前端，然后观察接收缓冲区窗口中接收到的数据，观察其与处于自动工作模式的时候有什么区别？其结果如图 9.26 所示。

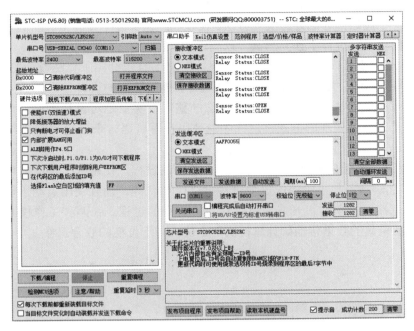

图 9.26　遮挡光电传感器模块的数据采集图

可见，这个命令又将系统返回了停止工作状态。光电传感器处的数据还是能够采集到，但是继电器已经不工作了。至此，功能性测试已经全部结束。如果需要更多的测试，读者可以自行将系统全部实现之后进行。

9.6　本章小结

本章描述了简单计算机测控系统由整体设计到实现的全部过程，该系统是将自动控制、计算机通信联合起来进行应用系统设计与实现的一个简单而实用的例子。并且该简单案例的意义在于引入了计算机的干预，该测控系统的实时数据可以传输到计算机，并且计算机可以通过给系统发命令来控制系统的开启与关闭。本章以第 8 章的RS232 通信系统的设计与实现及第 7 章的简单测控系统的知识为基础，对系统功能需求进行了分析，设计与实现了这个基本计算机干预测控系统。

9.1 节简要介绍了计算机干预测控系统，简要分析了感应控制灯的基本设计架构，并且提到了使用计算机干预系统来实现该应用的大致思路，其特点是引入了计算机的干预过程，更加贴近实际应用的目标。

9.2 节说明了为了满足实现感应控制灯项目的系统需求，应当如何进行系统架构设计的问题。尤其是提出了计算机干预测控系统的基本架构图，该架构图基本解决了如何设计该系统的思路问题。最后，提出了计算机干预测控系统的系统设计目标与项目规范。

9.3 节重点描述了计算机干预测控系统的硬件系统部分设计与实现的方法，尤其是重点描述了每个接口部分的硬件实现方法。在硬件测试部分中延续了前面的技术方案，对每个接口模块部分进行了独立测试，以确保硬件部分的基本可用性。

9.4 节重点描述了软件系统的设计与实现。9.4.1 节详细介绍了算法设计的初步思想，并尽可能地使用简单的语言与简单的表述方式来描述算法的设计过程。其主要目标是能够采用计算机编程语言实现该算法。算法的整理事实上是对设计思路的体现，使该思路是适合于计算机处理的方式。这样才能使用计算机语言来描述该算法。9.4.2 节使用实际的 C 语言完整地描述了该算法思想。

9.5 节介绍了采用 STC-ISP 软件建立串行通信的过程，使用 STC-ISP 软件首先下载HEX 可执行代码到单片机主控板上使单片机执行 C 代码，而且使用启动工作命令与停止工作命令直接测试单片机开发板执行计算机命令的过程。在两种工作模式下，都能够实时将当前采集的数据传输到计算机实现上位机与下位机的联合工作。

【项目实施】

E9.1 简单计算机干预测控系统硬件的设计与实现
E9.2 简单计算机干预测控系统软件的设计与实现
E9.3 提交全部项目资料

第 10 章

温度传感器模块的设计与实现

　　温度传感器模块是对外部温度进行测量的传感器模块，其工作原理、电路设计与实现，以及软件编写都非常简单。通过对这个模块的学习，希望读者能初步了解由外部温度信号的采集到计算机处理的过程。

　　本章的主要顺序为：第一，直接给出温度传感器模块的项目规范，其中包含需要实现的具体功能；第二，使用计算机电路设计软件进行电路设计；第三，实际制造出该模块；第四，通过编写简单的代码来对该模块进行测试与使用。

　　本章需要掌握的要点如下：
  ✓ 温度传感器模块的电路设计
  ✓ 温度传感器模块的制作与测试
  ✓ 使用 C 语言测量温度传感器模块的输入信号

  ✓ 本章需要了解的要点如下：
  ✓ 温度传感器模块的简单原理
  ✓ 温度传感器模块的简单项目规范

10.1 温度传感器模块与项目规范

温度传感器是一种常用的传感器器件，国内民用数字温度传感器产品有 DS18B20、DHT11 等；模拟温度传感器产品有 PT100 热敏电阻。实际上对于计算机专业的学生而言，设计温度传感器模块更多的是考虑数字温度传感器模块的设计与实现，而较少地考虑模拟温度传感器模块的设计与实现。这是由于模拟温度传感器模块在设计的时候需要更多地关注模拟电子技术有关的内容，这部分内容对于偏计算机专业的学生来说存在较大的难度。但是对于电子类专业的学生可能更加简单一些，他们相对更加容易设计这类传感器。从这个角度出发，对于偏计算机类专业的学生来说，温度传感器模块更加关注软件部分的设计与实现，而重点无需放在模拟传感器模块的设计与实现上。在实际中，例如淘宝电子商务平台上有很多可以选择的带有数字接口的模块。在传感器的应用中，模拟系统数字化已经成为了发展趋势，希望读者在学习的过程中慢慢建立这种基本概念。

温度传感器是一种测量温度的敏感元件，一般采用特殊材料制成。温度传感器的种类众多，在日常应用中，DALLAS（达拉斯）公司生产的 DS18B20 温度传感器能基本满足需求。其特点是体积小、硬件设计简单、抗干扰、灵活性好。DS18B20 的主要特征如下：

（1）数字温度接口。

（2）单总线数据通信方式。

（3）最高 12 位分辨率，精度可达 ±0.5 摄氏度。

（4）12 位分辨率时的最大工作周期为 750 毫秒。

（5）检测温度范围为 –55℃ ～ +125℃（–67℉ ～ +257℉）

（6）内置 EEPROM 限温报警功能。

（7）64 位光刻 ROM，内置产品序列号，提供串行连接能力。

（8）DIP、SOP 等多种封装。

10.1.1 温度传感器的基本工作原理

DS18B20 的温度检测与数字数据输出全部在一片芯片上集成，因此具有较好的抗干扰能力。图 10.1 是 DS18B20 的外观图及其封装，左边 TO-92 封装的器件与 9013 三极管的大小基本一致。

在图 10.1 中，DS18B20 的几个引脚功能分别定义为：GND 地线、DQ 单数据总线、VDD 电源线、NC 空引脚。DS18B20 器件无法单独工作，必须由控制器对其进行编程才能工作。DS18B20 的一个工作周期分为两个部分：温度检测、数据处理。下面简述控制器对 DS18B20 操作的简要流程：

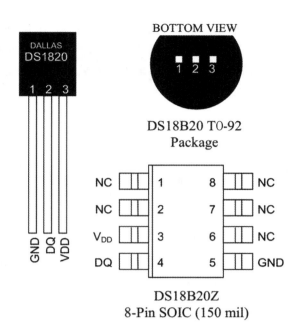

图 10.1　DS18B20 的外观及其两种封装

（1）首先控制器必须对 DS18B20 芯片发送复位信号。

（2）芯片返回一个存在脉冲，微控制器收到后表示连接已经建立。

（3）控制器发送 ROM 指令。

（4）控制器发送存储器操作指令。

（5）执行或数据读写。

　　如果想深入探讨如何使用 DS18B20 温度传感器，需要在网上下载它的器件手册 DataSheet 进行研究，并熟悉它的基本工作流程与基本编程方法，然后逐步编写软件才能熟练使用。对读者的建议是，如果不具备一定的程序设计能力，最理想的做法是在网上下载别人成熟的 DS18B20 代码来使用，只需要做很少的修改就能完成实验性质的任务。需要注意的是，如果在网络上下载别人编写的代码来测试 DS18B20 器件，由此引发的任何问题都与该代码的编写者是没有关系的，也就是说如果寄希望于借鉴他人的代码来解决商用产品的问题是有严重隐患的。因此建议读者熟读器件手册，深入分析与研究器件手册，并自行编写代码进行测试与实现更为合适。

10.1.2　温度传感器模块的项目规范

[任务名称] 温度传感器模块设计要求。

[目标简述] 完成温度传感器模块的设计与实现。

[具体功能]

（1）　自行设计温度传感器模块的原理图与 PCB。

（2）　依照设计的 PCB 来焊接温度传感器模块的电路板，并测试该电路板的硬件是否正常，温度传感器模块的信号线连接到 P3.7 口上。

编写或是使用参考代码测试温度传感器模块的电路板，温度传感器模块的值以两位十六进制数的形式显示在 P0 口与 P2 口对应的 LED 上，且 P2 口为高位，P0 口为低位。循环显示测到的温度值，测试的时候可以采用打火机靠近温度传感器以提高其温度，然后拿开观察 LED 上的温度变化。

[说明] 电路焊接必须严格依照设计的 PCB 来进行，在绘制原理图的时候尽最大可能把线连接到电路的底面。

[要求]

（1）必须写出算法文档（中文、伪代码均可）。

    [注意]

    1）主程序一个算法。

    2）每个子程序（函数）各自一个算法。

（2）必须画出程序流程图。

    [注意]

    1）主程序一个程序流程图。

    2）每个子程序（函数）各自一个程序流程图。

（3）源代码上交与注释规范。

    1）硬件测试文档，硬件测试文档上交文件名为：

    XXX 硬件测试文档 .DOC。

    2）必须给出软件代码测试的测试用例表格，软件代码测试文档上交文件名为：

    XXX 软件测试文档 .DOC。

    3）必须给出实体系统功能的功能说明书，功能说明书上交文件名为：

    XXX 功能说明书 .DOC。

    4）原理图、PCB 文档。原理图与 PCB 文档依照要求完成即可。

    5）本项目完成过程中的问题文档，上交文件名为：

    问题文档 .DOC。

    6）讲解用 PPT，讲解用 PPT 上交文件名为：

    模块项目讲解文件 .PPT。

    7）全部文档资料整理打包，文件名为：

    序号 _ 姓名 .rar。

    [注意] 序号 _ 姓名 .rar 打包文件目录列表：

    ① XXX 算法文档 .DOC。

    ② 程序流程图 .DOC。

    ③ XXX.C。

    [注意] 源代码需要达到如下要求：

- 源代码中最上面一行加一个注释，写上：序号 _ 姓名。
- 源代码关键位置给出注释。
- 函数的开始处写上注释。

④ XXX 硬件测试文档 .DOC

⑤ XXX 软件测试文档 .DOC

⑥ XXX 功能说明书 .DOC

⑦ 原理图与 PCB 文件

⑧ 问题文档 .DOC

⑨ 模块项目讲解文件 .PPT

10.2 使用 DXP 软件设计温度传感器模块

在使用 DXP 软件进行温度传感器模块的设计之前，通过查阅 DS18B20 器件手册可知，DS18B20 芯片与微处理器的接口如图 10.2 所示。

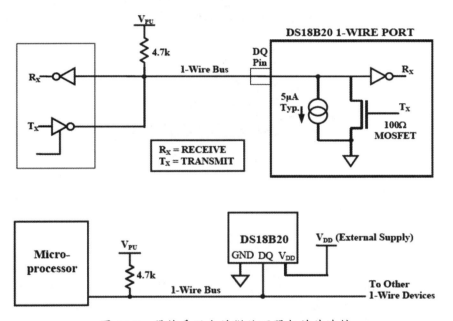

图 10.2 器件手册上的微处理器与芯片连接

由图 10.2 可知，DS18B20 只需要将其数据线 DQ 连接到控制器（单片机）的一个 I/O 引脚上即可，但需要外接一个 4.7K 的上拉电阻，因为单片机的 I/O 口总线为开漏。当需要采用寄生工作方式时，也只需简单地将 VDD 电源引脚与单总线并联即可。下面开始进行原理图与 PCB 的设计工作。

10.2.1 原理图设计

图 10.2 中关于模块部分的设计已经相当明确了，只是还有一个问题需要讨论，即 4.7K 电阻问题。设计模块时应当将 4.7K 电阻设计到模块上面，这样便于连接微处理器。

第一步：新建工程、原理图、PCB、原理图库、PCB库五个文件，如图10.3所示。

图 10.3 新建文件

点击 File—Save All 保存全部文件，文件名命名均为 CircuitDesign。工程目录与实际文件夹下的文件如图10.4所示。

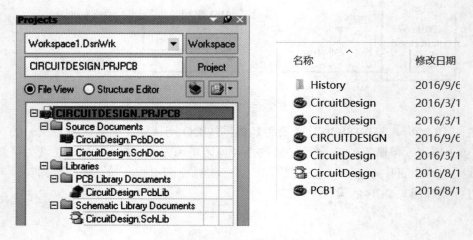

图 10.4 工程目录与实际文件

第二步：由于系统库中没有 DS18B20 器件，故需要自行设计该元件，打开原理图库设计文件，开始绘制 DS18B20 的原理图库元件。原理图库设计器如图10.5所示。

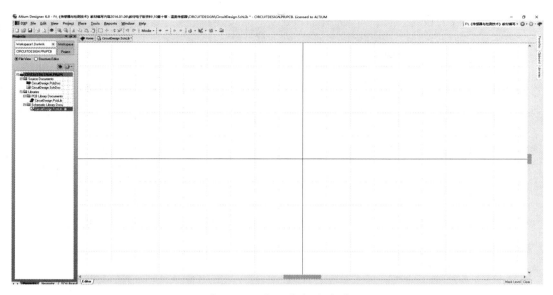

图 10.5　原理图库设计器

第三步：点击 Tools—Rename Component 重命名元件，然后开始绘制 DS18B20 元件，如图 10.6 所示。

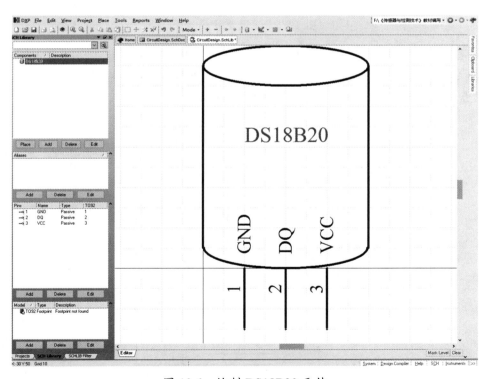

图 10.6　绘制 DS18B20 元件

第四步：修改元件属性。双击图 10.6 左上角库元件的名字即可进入"元件属性设置"

对话框进行参数的设置，如图 10.7 所示。

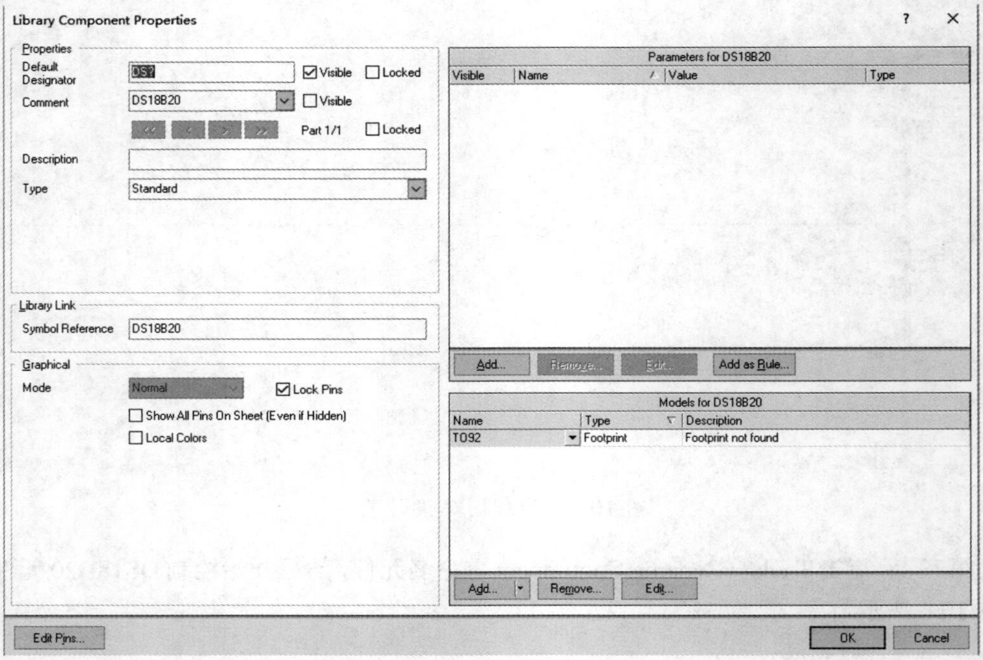

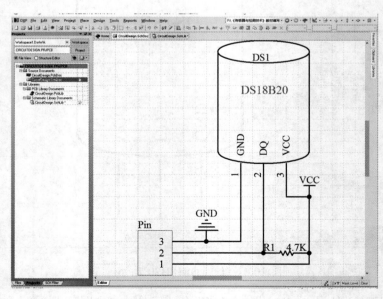

图 10.7　设置元件属性

注意封装 FootPrint 应当是 TO-92 封装，在 DS18B20 器件手册中有相关说明。在 DXP 的系统库里面能够搜索到 TO-92 封装，因此可以直接采用该封装。

第五步：绘制完成 DS18B20 元件，如图 10.8 所示。

图 10.8　原理图文件

10.2.2　电路板设计

原理图文件设计完毕之后，即可进行 PCB 文件的设计工作了。由于模块非常简单，因此在 PCB 设计中没有特别需要注意的部分。下面就简要说明 PCB 的设计过程。

第一步：对原理图文件与工程文件进行编译工作，编译命令如图 10.9 所示。点击 Project—Compile Document CircuitDesign.SchDoc，该命令表示编译 CircuitDesign.SchDoc 这个原理图文档；然后点击 Project—Compile PCB Project CIRCUITDESIGN.PRJPCB，该命令表示编译 CircuitDesign 这个工程文件。如果编译未出错通常不会弹出任何窗口，但是一旦编译出错，就会弹出一个窗口详细记录错误与错误的位置，只需双击出错的行即可定位到图中出错的位置。

图 10.9　"编译"命令

第二步：点击 Design—Update PCB Document CircuitDesign.PcbDoc 命令，更新 PCB 文件，命令如图 10.10 所示。

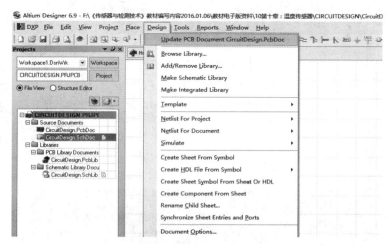

图 10.10　"更新 PCB 文件"命令

点击该命令之后会弹出一个对话框。在弹出的对话框中，点击 Validate Changes 按钮。注意 Status（状态）中 Check（检查）列应当全部都是绿色的对号，表示检查通过。只有检查通过才能正确导出元器件到 PCB 设计器中。如果出错，则在 Check 列中显示为红色的叉，则设计者需要点击 Close 关闭该界面并返回修改原理图，这里的错误大多数为元件没有封装。还有一类错误出现在修改设计之后更新 PCB 设计图时，读者可以仔细查看出错原理，如果是修改设计的更新操作一般即便是出错也可以通过。点击 Validate Changes 按钮之后的对话框如图 10.11 所示。

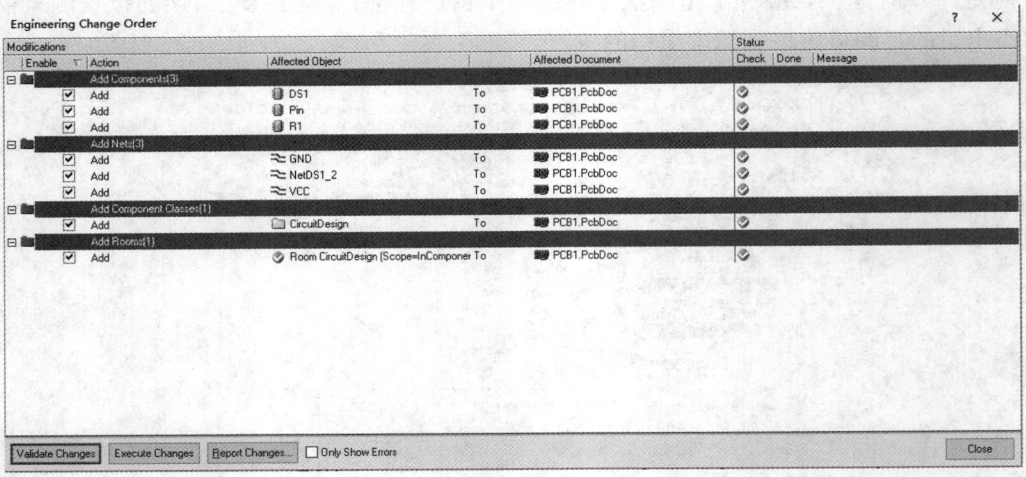

图 10.11　点击 Validate Changes 进行检查

如果检查通过则可以点击 Execute Changes 按钮表示执行改变，直接导入元件到 PCB 设计器中进行 PCB 设计。点击 Execute Changes 按钮之后的界面如图 10.12 所示。

图 10.12　导出元件到 PCB 设计器

第三步：点击 Close，在 PCB 设计器中进行 PCB 设计。点击元件托盘空白处将全部元件拖动到 PCB 设计器大致中间的位置开始 PCB 设计，如图 10.13 所示。

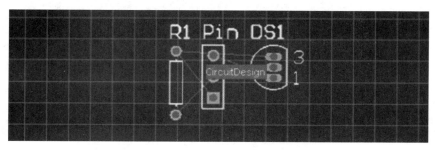

图 10.13　拖动元件到 PCB 设计器中间位置

对元件的大体位置进行布局，一般元件的布局遵循紧凑、美观的原则，布局后的效果如图 10.14 所示。

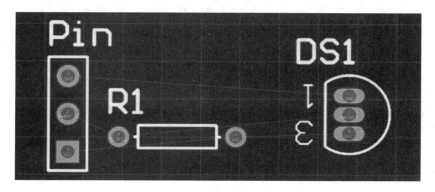

图 10.14　元件位置布局

设置元件的外部边界，元件边界的设置应当在 Keep Out Layer 进行，如图 10.15 所示。

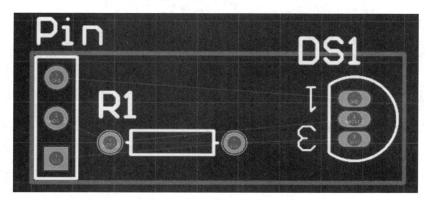

图 10.15　设置元件边界

隐藏无用字符，如图 10.16 所示。

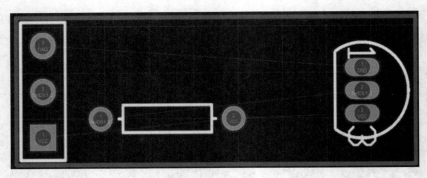

图 10.16　隐藏无用字符

进行交互布线工作，如图 10.17 所示。

图 10.17　交互布线

注意，电源与地线需要进行加粗操作。然后给电路进行覆铜操作（顶层与底层均需要覆铜），覆铜后的效果如图 10.18 所示。

图 10.18　双面覆铜

给元件标注丝印层，如图 10.19 所示。

如果设计者希望有安装孔，可以在上述操作之前设计安装孔，然后再行布线与覆铜。至此，简单的硬件 PCB 板设计全部结束。

图 10.19　标注丝印层

10.3　实现温度传感器模块

硬件原理图与 PCB 设计完成之后，在万能板上进行焊接，并对其进行调试以便于使用。

10.3.1　硬件实现

焊接温度传感器模块需要准备的设备有：万能板、排针、4.7K 电阻、DS18B20 温度传感器、线等。

DS18B20 三极管实物图如图 10.20 所示。由图 10.1 中的引脚图可知，最左边的引脚为 GND，中间引脚为 DQ，最右边的引脚为 VDD。

图 10.20　DS18B20 三极管

第一步：观察万能板焊点的完整情况。这里应特别注意有很多万能板由于放置时间较长，焊盘存在氧化迹象，因此可能需要使用工具（例如小裁纸刀）稍微刮一下焊盘表面，把氧化层刮掉以便于焊接。

第二步：对照 PCB 图来规划元器件的布局与位置，如图 10.21 所示。

图 10.21　PCB 图与实物布局对照图

第三步：使用电烙铁进行焊接，焊接之后的实物图如图 10.22 所示。

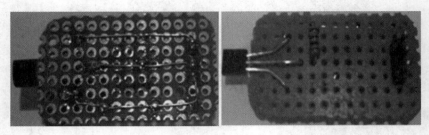

图 10.22　完成焊接图（左边为底层，右边为顶层）

第四步：使用万用表检测模块是否短路。

通过上述步骤应基本能够完成该模块的设计与实现，多数硬件设计与实现的基本步骤均为先进行设计然后进行实现，当制版完成之后即为焊接与调试，通过调试确保该模块的基本功能能够实现。

10.3.2　软件设计与实现

（1）DS18B20 软件编程原理

DS18B20 最复杂的部分就是软件程序设计部分，下面首先依据器件手册给出其基本编程原理。由于 DS18B20 的操作完全依赖于与其连接的微控制器，因此需要先了解器件手册中的微控制器对 DS18B20 操作的基本流程。通过查阅器件手册可知，其基本工作流程如下。

第一步：微控制器对 DS18B20 芯片进行复位操作。由控制器或是单片机等可编程器件向 DS18B20 的单数据总线发送至少 480μs 的低电平信号，该信号就是微控制器发送给 DS18B20 的复位信号。

第二步：微控制器等待接收存在脉冲。微控制器发送复位电平之后，控制器将连接到 DS18B20 的单数据总线变成高电平，然后监听该总线，以便于在 15 ～ 60μs 后接收 DS18B20 反馈回来的存在脉冲信号，存在脉冲为一个 60 ～ 240μs 的低电平信号。

第三步：DS18B20 响应存在脉冲。在微控制器发送复位信号到 DS18B20 之后，如果 DS18B20 正确接到此复位信号，那么其会在 15 ～ 60μs 后通过总线向微控制器回复一个芯片的存在脉冲信号。若微控制器收到该存在脉冲信号，则表示双方握手成功。双方握手成功即表示控制器与 DS18B20 温度传感器进入数据通信过程。

第四步：控制器发送 ROM 指令用于分辨总线上挂接的多个 DS18B20 温度传感器元件。ROM 指令为 8 位长度，功能是对片内的 64 位光刻 ROM 进行操作。ROM 指令共有 5 条，每一个工作周期只能发送 1 条，ROM 指令分别是读 ROM 数据、指定匹配芯片、跳跃 ROM、芯片搜索、报警芯片搜索。单总线上可以同时挂接多个元件，为了分辨一条总线上挂接的多个元件并作处理，当微处理器发送 ROM 指令的时候，通过每个元件上所独有的 ID 号来区别不同的元件。如果只挂接一个 DS18B20 芯片，则可以用跳过 ROM 指令（是一条单独的跳过指令）来跳过搜索总线上的多个元件的过程。

第五步：控制器发送存储器操作指令，在 ROM 指令发送给 DS18B20 之后，立即发送存储器操作指令。存储器操作指令为 8 位，共有 6 条，这些指令分别是：写 RAM 数据、读 RAM 数据、将 RAM 数据复制到 EEPROM、温度转换、将 EEPROM 中的报警值复制到 RAM、工作方式切换。存储器操作指令的功能只有两个，就是控制 DS18B20 执行哪种任务以及完成哪种操作。

第六步：指令执行或数据读写操作。一个存储器操作指令结束后将进行指令执行或数据的读写操作，该操作要视存储器操作指令而定。如执行温度转换指令则控制器必须等待 DS18B20 执行其指令，一般转换时间为 500μs。如执行数据读写指令则需要严格遵循 DS18B20 的读写时序来操作。

以上就是 DS18B20 大致的操作步骤与过程，如果要读出当前的温度数据需要执行两次工作周期，第一个周期为复位、跳过 ROM 指令、执行温度转换存储器操作指令、等待 500μs 温度转换时间，紧接着执行的第二个周期为复位、跳过 ROM 指令、执行读 RAM 的存储器操作指令、读数据（最多为九个字节，中途可停止，读简单温度值则只读前两个字节即可）。其他的操作流程也基本类似。

（2）DS18B20 读写时序

单片机对 DS18B20 的操作，首先就是复位操作，单片机启动 DS18B20 复位及应答关系时序图如图 10.23 所示。

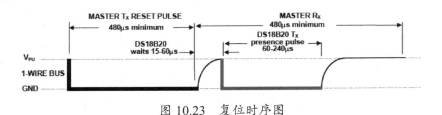

图 10.23　复位时序图

单片机每一次与 DS18B20 进行通信之前必须进行复位操作，复位时间、等待时间、回应时间需要严格按图 10.23 的时序关系进行编程。后续单片机对 DS18B20 的数据读写是通过时间隙处理位和命令字来确认信息交换的。写时间隙的时序图如图 10.24 所示。

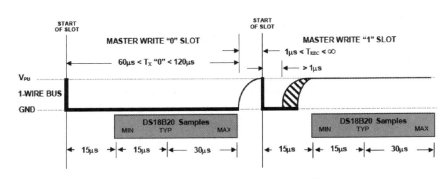

图 10.24　单片机写 DS18B20 时序图

写时间隙分为写"0"和写"1"。单片机首先将单数据总拉低，且拉低的持续时间应大于 1μs，并且单片机在随后的 15μs 之内应当写入由 DS18B20 在总线上读取的数据。在写时间隙的前 15μs 总线是被控制器拉至低电平的，而后则将是单片机对单总线数据的采样时间，采样时间在 15～60μs，采样时间内如果控制器将总线拉高则表示写"1"，如果控制器将总线拉低则表示写"0"。每一位都应该有一个至少 15μs 的低电平起始位，随后的数据"0"或"1"应该在 45μs 内完成。整个位的发送时间应该保持在 60～120μs，否则不能保证正常的通信。读时间隙的时序图如图 10.25 所示。

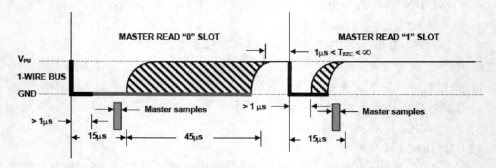

图 10.25 单片机读 DS18B20 时序图

读时间隙控制的采样时间需要非常精确，读时间隙也是必须先由单片机拉低总线并产生至少 1μs 的低电平，通知 DS18B20 读时开始。随后在总线被释放后的 15μs 中 DS18B20 会发送内部数据到单总线，这时单片机对数据总线进行采用，如果发现总线为高电平表示读出数据"1"，如果总线为低电平则表示读出数据"0"。每一位在读取之前都由单片机加一个起始信号。注意：必须在读间隙开始的 15μs 内读取数据才可以保证通信正常。在通信时以 8 位"0"或"1"为一个字节，字节的读或写是从高位开始的，即 A7 到 A0 字节的读写顺序也是自上而下的。

（3）DS18B20 软件编写

第一步：建立工程文件与 C 代码文件，如图 10.26 所示。

图 10.26 建立工程文件与 C 文件

第二步：编写代码。下面我们提供一个基本完成的源代码，读者可以依据本代码进行修改，使其成为自己能够应用的源代码。由于开发板采用的晶振为 18.432MHz，对 DS18B20 的时序控制较为复杂，因此代码中给出了很多精确的延时函数供后续操作使用。

```c
/*------------------------------------------------------------*/
/* --- 武汉软件工程职业学院 ----------------------------------*/
/* --- 计算机学院嵌入式系统工程专业 / 物联网专业 -------------*/
/* --- Mobile: 00000000000    -------------------------------*/
/* --- Fax: 86-000-00000000 ---------------------------------*/
/* --- Tel: 86-000-00000000 ---------------------------------*/
/* --- Web: www.whvcse.com ----------------------------------*/
/*------------------------------------------------------------*/
#include <STC89C5xRC.H>
#include <intrins.h>
#include <DS18B20.H>
#define FOSC 18432000L     //System frequency
#define BAUD 9600          //UART baudrate

sbit DS18B20=P2^7;

typedef unsigned char BYTE;
typedef unsigned int WORD;

BYTE tempH,tempL;

void delay(int);
void delay2us(void);        // 3.26us
void delay3us(void);        // 3.9us
void delay4us(void);        // 5.21us
void delay5us(void);        // 5.86us
void delay13us(void);       //13.68us
void delay14us(void);       //14.98us
void delay15us(void);       //16.28us
void delay38us(void);       //39.07us
void delay41us(void);       //41.67us
void delay45us(void);       //46.22us
void delay60us(void);       //61.20us
void delay480us(void);      //481.12us
void DS18B20RST(void);
void DS18B20Write(BYTE b);
```

```
BYTE DS18B20Read(void);
void ReadTemp(void);
void SysInit(void);
/*---------------------------- 主程序开始 ----------------------------*/
void main(void)
{
    SysInit();
    while(1)
    {
        SendString("\r\nTemperture Value with HEX format is :");
        ReadTemp();
        P0=0;
        P1=0;
        P0=tempL;
        P1=tempH;
    }
}
/*---------------------------- 主程序结束 ----------------------------*/


/*---------------------------- 子程序开始 ----------------------------*/
void DS18B20RST(void)
{
    // 先将单总线置 1
    DS18B20 = 1 ;
    // 进行很短暂的延时处理
    delay2us();
    // 拉低单总线 , 准备开始复位工作
    DS18B20 = 0;
    // 拉低等待至少 480us
    delay480us();
    // 将总线拉高
    DS18B20 = 1;
    //DS18B20 接到该信号之后将在 15 ~ 60us 之后回发一个芯片的存在脉冲
    while(DS18B20);
    // 存在脉冲为 60 ~ 240us，等待存在脉冲结束
    while(!DS18B20);
    // 还需要延时至少 480us
```

```
        delay480us();
        // 先将单总线置 1
        DS18B20 = 1 ;
}

void DS18B20Write(BYTE dat)
{
        unsigned char i;

        for(i=0;i<8;i++)
        {
            DS18B20=0;                    // 开始写操作：0.65us
                delay14us();              // 总计：14.98+0.65 = 15.63us
            DS18B20=dat&0x01;             // 写数据 2.6us，总计：15.63+2.6=18.23us
                delay41us();              // 剩余延时为：60-18.23 = 41.77us，而 delay41us 函数实际延时
        时间为 41.67us  满足全部要求
            DS18B20=1;                    // 释放总线控制权：0.65us
            dat>>=1;                      // 右移一位准备写下一位 2.6us
        }                                 //7.16us
        DS18B20=1;                        // 释放总线控制权 0.65us
}

BYTE DS18B20Read(void)
{
        unsigned char i,date=0;

        for(i=0;i<8;i++)
        {
            DS18B20=1;                    // 拉高总线：0.65us
                _nop_();_nop_();_nop_();  // 延时：1.953us，总计：2.61us
            DS18B20=0;                    // 开始读操作：0.65us，总计：3.25us
                delay2us();               // 实际延时：3.26us，总计：6.52us
            DS18B20=1;                    // 释放总线：0.65us，总计：7.17us
                delay4us();               // 实际延时：5.21us，总计：12.38us
            if(DS18B20)                   // 读出数据处理
                date = date|(0x01<<i);    // 延时：2.61us，总计：14.99us
                delay38us();              //39.07us，总计：61.22us
        }                                 // 每一次循环间隔为：7.16us
        DS18B20=1;                        // 读数据结束：0.65us
        return date;                      // 返回语句可能为：1.3us
```

```
    }

// 读出温度函数：
void ReadTemp(void)

{
    DS18B20RST();                        // 复位
    DS18B20Write(SKIPROM);               // 写命令，跳过 ROM 编码命令
    DS18B20Write(COVERTT);               // 转换命令
    while(!DS18B20);                     // 等待转换完成

    DS18B20RST();                        // 复位
    DS18B20Write(SKIPROM);               // 写命令，跳过 ROM 编码命令
    DS18B20Write(READSCRATCHPAD);        // 读取暂存器字节命令
    tempL=DS18B20Read();                 // 读低字节
    tempH=DS18B20Read();                 // 读高字节

}

void SysInit(void)

{
    UartInit();
    delay(3000);
    P0 = 0xFF;
    P1 = 0xFF;
    P2 = 0xFF;
    P3 = 0xFF;
    SendString("\r\nTest Code Start...\r\n");
    DS18B20RST();

}

/*---------------------------------- 延时函数部分 ----------------------------------*/
void delay(int n)

{
    int i;
    for(i=0 ; i<n ; i++);
}
void delay2us(void)   // 误差 -0.046875us

{
    _nop_(); //if Keil,require use intrins.h
}
void delay3us(void)   // 误差 -0.395833333333us
```

```
{
    _nop_();  //if Keil,require use intrins.h
    _nop_();  //if Keil,require use intrins.h
}
void delay4us(void)  // 误差 -0.09375us
{
    unsigned char a;
    for(a=1;a>0;a--);
    _nop_();  //if Keil,require use intrins.h
}
void delay5us(void)  // 误差 -0.442708333333us
{

    unsigned char a;
    for(a=2;a>0;a--);
}
void delay13us(void)  // 误差 -0.630208333333us
{

    unsigned char a;
    for(a=8;a>0;a--);
}
void delay14us(void)  // 误差 -0.328125us
{

    unsigned char a;
    for(a=9;a>0;a--);
}
void delay15us(void)  // 误差 -0.026041666667us
{

    unsigned char a;
    for(a=10;a>0;a--);
}
void delay38us(void)  // 误差 -0.239583333333us
{
    unsigned char a,b;
    for(b=11;b>0;b--)
        for(a=1;a>0;a--);
}
void delay41us(void)  // 误差 -0.635416666667us
{
```

```
    unsigned char a,b;
    for(b=1;b>0;b--)
        for(a=28;a>0;a--);
}
void delay45us(void)  // 误差 -0.078125us
{
    unsigned char a;
    for(a=33;a>0;a--);
}
void delay60us(void)  // 误差 -0.104166666667us
{
    unsigned char a,b;
    for(b=1;b>0;b--)
        for(a=43;a>0;a--);
}
void delay480us(void)  // 误差 -0.182291666667us
{
    unsigned char a,b;
    for(b=2;b>0;b--)
        for(a=182;a>0;a--);
}
/*----------------------------------- 子程序结束 -----------------------------------*/
```

第三步：编译生成 HEX 文件，并下载文件到开发板，经过实际测试下载的软件代码为工程包，可以正常生成 HEX 文件。

10.4 模块测试

完成前面的步骤之后需要对该模块进行测试工作，首先检查模块到单片机开发板的连接是否正常。确认连接正常之后，进行通电测试。运行程序之后可以看到如图 10.27 所示的现象。

用手捏住温度传感器，并尽量把温度传感器捏紧，然后观察板上的 LED 灯的变化，这时可以看到板上 P0 口显示的数据在发生连续变化，且该变化基本上是二进制的连续变化，说明温度的上升与下降是渐变的，如图 10.28 所示。

当然，也可以直接编写串行通信代码，实时将采集到的数据传输到计算机上，然后使用 STC-ISP 软件观察温度传感器模块实时采集到的结果，并进行简要的分析。

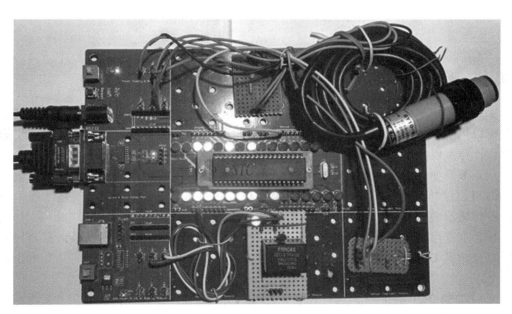

图 10.27 实物运行图

图 10.28 用手捏住温度传感器的变化图

通过上面的测试，能大体上确认温度传感器的可用性，但 DS18B20 灵敏度不高，仅能满足普通的家庭环境使用这一类应用场合，如果用于高灵敏度高精度的场合，应当考虑选择其他的温度传感器，通常传感器的选择是依据其应用场合决定的。

10.5　本章小结

本章简要描述了温度传感器 DS18B20 模块由设计到实现的全部过程，这个例子是完全可以用于实际应用中的。本章还介绍了采用 DS18B20 芯片进行温度传感器模块的硬件设计与实现的全部过程，这些模块在家用环境当中应用非常广泛。

10.1 节简要介绍了温度传感器 DS18B20 模块的基本工作原理，尤其是简单描述了 DS18B20 温度传感器的外观、封装，以及编写软件的简单设计流程。本节还简要说明了温度传感器 DS18B20 模块的设计目标与简单项目规范。

10.2 节重点描述了温度传感器 DS18B20 模块的硬件设计方法，尤其是依据器件手册重点介绍了 DS18B20 传感器与微处理器的接口问题，器件手册中阐述的几个重要问题如下：

（1）DS18B20 温度传感器与处理器之间为单线制连接，且数据线 DQ 上需要连接一个 4.7K 的上拉电阻。

（2）DS18B20 能够作为总线式的扩充连接方法，即允许数据线 DQ 上挂载多个 DS18B20 芯片，通过编写软件来区分不同的 DS18B20 芯片。

本节还介绍了使用 DXP 软件绘制温度传感器 DS18B20 模块的硬件原理图和设计电路板 PCB。

10.3 节重点描述了温度传感器 DS18B20 模块软件系统的设计与实现。首先，详细介绍了基于器件手册上描述的对 DS18B20 温度传感器进行编程的完整过程；其次，重点描述了 DS18B20 温度传感器的读写时序问题。在软件设计与实现的过程中简要介绍了如何编写 DS18B20 的数据采集程序，尤其是当使用串口通信方式将数据传输到计算机时，前面的技术对本章的数据传递起到了尤其重要的作用。

10.4 节进行了简单的模块测试，由于 DS18B20 温度传感器的硬件开销很小，基本不会在硬件上出现问题，故所有的问题将由软件来承担，软件的代码设计将对温度传感器 DS18B20 模块的调试工作带来很大影响，本节没有深入讲解如何调试温度传感器 DS18B20 模块，只能大致演示结果，并给出一个相对比较合适的代码例子让读者自行慢慢调试与体会。

🔍【项目实施】

E10.1 使用 DXP 软件画出 DS18B20 温度传感器模块的原理图与 PCB

E10.2 使用万能板焊接 DS18B20 温度传感器模块

E10.3 提交全部项目资料

第 11 章

基本计算机干预温度自控系统的设计与实现

    基本计算机干预温度自控系统是将自动控制、计算机通信联合起来进行设计与实现的一个相对实用的简单计算机干预测控系统。本章需要介绍的计算机控制系统是在第 9 章与第 10 章介绍的知识的基础上，通过结合 RS232 通信技术、DS18B20 温度传感器知识，以及第 9 章介绍的简单计算机测控系统，来共同设计与实现一个基本计算机干预温度自动控制系统的简单应用项目。

    本章的主要顺序为：第一，给出基本计算机干预温度自动控制系统的项目规范，其中包含需要实现的具体功能；第二，使用对物理的电路连接方式进行介绍；第三，实际搭建出该基本计算机干预温度自控系统；第四，通过编写控制代码来对该基本计算机干预温度自控系统进行测试与使用。

    本章需要掌握的要点如下：
- ✓ 基本计算机干预温度自控系统的物理电路设计思想与实际搭建
- ✓ 基本计算机干预温度自控系统的软件算法设计思想
- ✓ 使用 C 语言编写软件实现基本计算机干预温度自控系统的行为

    本章需要了解的要点如下：
- ✓ 基本计算机干预温度自控系统的基本原理
- ✓ 基本计算机干预温度自控系统的简单项目规范

11.1　基本计算机干预温度自控系统简介

9.1 节简要介绍了简单计算机干预测控系统，本章希望通过前面章节的设计来完成一个带有一定实际应用价值的、基本的计算机干预温度自控系统。这种计算机干预温度自控系统一般应用于恒温环境，一个实际的应用场景如图 11.1 所示。

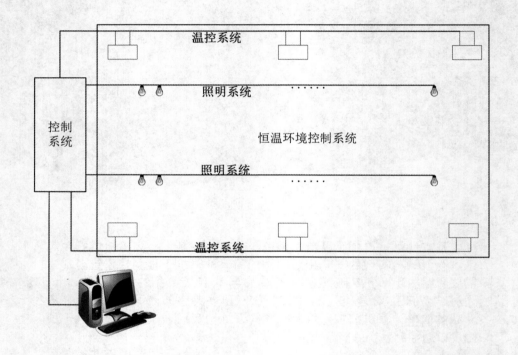

图 11.1　计算机干预室温自控系统应用示意图

图 11.1 显示了一个室内恒温自动控制系统，当监控到室内有人时照明系统开启，当人离开时关闭；室内恒温系统则利用温度传感器控制温度发生装置将温度恒定在一定范围之内。该系统的全部情况均可以向计算机反馈，包含温度、是否有人、是否开启温度系统、是否开启照明系统等功能，计算机也可以实时通过远程调整温度范围的设定值。该系统需要达到两个方面的能力，一方面是系统本身是独立的，另一方面是系统能够完成基本的计算机通信能力，即由计算机干预该独立系统的工作过程，该系统能够实时向计算机汇报其工作状态。该系统本身是一个独立的闭环自动控制系统，在这个简单而实用的自动控制过程中引入计算机干预，将系统状态反馈给计算机，并由计算机进行突发的决策干预过程。

11.2　基本计算机干预温度自控系统项目目标与项目规范

本章致力于完成具有一定实用性的计算机干预自动控制系统，并使它能综合本书前面的一些基本知识，且具有一定的实际功能。因此将目标定位为一个受到计算机监测的温室环境调节测控系统。

该系统的基本功能为：计算机能够随时干预该系统的开启工作状态、停止工作状态，并能在系统的运行过程中对系统的某些参数进行调节。

（1）系统非工作状态：系统的非工作状态是系统启动之后的工作状态，或者是计算机直接发送停止工作命令进入的工作状态。系统处于非工作状态时，只负责向上层的计算机系统传递当前的系统工作状态，例如：光电传感器是否检测到了物体、温度传感器实时采集的数据、继电器组的状态等。系统并不对这些数据采取任何的决策与处理工作、且不接受任何计算机对系统参数的调节命令。

（2）系统工作状态：系统的工作状态由计算机命令发起。当系统处于非工作状态时，如果计算机发起系统工作状态切换命令，则系统进行由非工作状态到工作状态的切换。切换后的工作情况可大致分为一般情况与参数调节两种。在一般情况下，系统的行为与第 9 章大致相同，当光电传感器检测到外部信号时进行启动照明灯过程，当再次检测到该信号时关闭照明灯，该过程模拟了进入房间与退出房间的操作。当温度传感器检测到温度值超出范围，则启动继电器开启温度调节过程，若温度到达指定温度范围则关闭继电器，停止温度调节过程。参数调节为计算机系统设定温度范围，计算机则发送命令对系统温度范围进行调节，单片机系统在工作状态时接收到计算机发来的温度调节命令视为有效，则依照该命令参数进行温度范围设定的调节，并执行新的监控策略。在系统工作过程中，实时向上层的计算机系统发送整个系统的工作状态数据仍然是必须的。

根据系统的行为描述绘制如图 11.2 所示的系统工作状态转换图，该简图供读者了解系统的两种工作状态的切换。

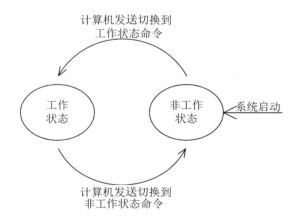

图 11.2　系统工作状态转换图

当系统通电启动则自动进入非工作状态，然后一直等待计算机发送状态切换命令，并在等待的过程中实时将系统状态发送到计算机。当系统收到计算机发送来的切换到工作状态命令时，系统切换到工作状态。在工作状态主要有两个功能需要完成，一个是检测到有人则启动继电器开灯，另一个是检测到温度超过范围则启动温度调节。在工作状态时，还有一个重要的功能就是能够对计算机发来的系统温度调节命令进行处理，接收新的系统温度范围，替代目前的温度检测点。当然，系统处于工作状态时也必须实时地将系统的各种状态信息发送到计算机。这两种工作状态的基本工作过程符合计算机干预的应用测控系统的基本功能性目标，尤其是能实时传输系统的信息到上位机系统，达到了信息采集的目的。同样可以通过计算机来设定长期实时跟踪测控现场的状态，以形成长期数据。从系统化思想的角度看，长期的数据可以形成预测、决策、统计、分析、优化等以数据挖掘为目标的高级应用，实际上类似的应用模式也为物联网大数据起到了前端信息收集的作用，这是采用计算机干预的根本目的。

11.2.1 基本计算机干预温度自控系统项目设计思想

设计与实现一个能够在计算机的干预下工作的温度自动控制系统，主要依据前述章节中设计的温度传感器模块、光电开关模块、继电器模块、通信模块等来联合完成。根据系统工作状态详细分析整体系统行为：

（1）单片机系统启动后将有两种可能，一种是等待计算机发送命令来确定是进入工作状态还是进入停止工作状态。考虑到单片机系统在等待的过程中并没有工作，也就是相当于进入了停止工作状态，因此开机将直接进入非工作状态并进入系统等待过程。

（2）根据（1）的分析，开机直接进入非工作状态后，单片机系统应当向计算机系统不间断发出采集的数据信号，因此采集数据的软件应当是独立运行的，在单片机系统中采用定时器中断来实现。

（3）当收到计算机发来的开始工作命令则进入工作状态。即便是工作状态也应当实时发送数据到计算机，包括定时器中断软件部分实时采集的信号。

（4）工作状态的行为：单片机系统等待采集光电传感器的信号，如果有则启动继电器开灯；当信号消失一段时间后关闭继电器，则灯被关闭，并且实时监控当前的温度值，如果温度值超过一定范围，则启动继电器进行温度调节；此过程一直重复。

（5）工作命令与非工作命令的切换，当在工作状态收到停止工作命令时，应当完成当在前任务之后再进行切换，开始工作命令则无此问题。命令接收只需要串口中断即可。

（6）温度控制调节，当系统处于工作状态时，若收到计算机发出的温度调节设置参数命令，则重新设置系统温度，并按照新的系统温度值来进行自动化温度调节。

通过上述的系统行为分析，并参照图 11.1 可以先行设计出硬件的基本连接框架，该框架只需要考虑几个典型接口即可，即计算机与单片机的连接接口、单片机与光电传感器模块的连接接口、单片机与继电器模块的连接接口、单片机与温度传感器模块的连接接口、继电器与温度调节装置的连接接口、灯与继电器模块的连接接口等。其典型的连接方式如图 11.3 所示。

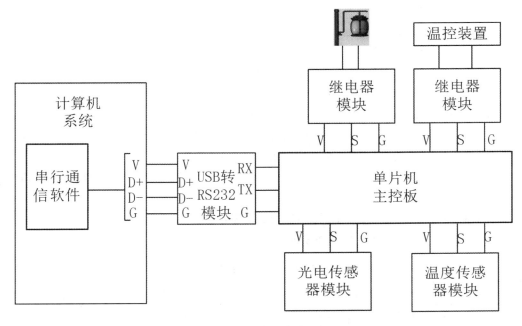

图 11.3　连接架构图

　　计算机系统与单片机之间通常是通过 RS232 来进行通信的，当然也可以采用 USB 转 RS232 模块来进行通信。那么计算机与 USB 转 RS232 模块之间的连接应该有 V、D+、D−、G 四根线。RS232 模块与单片机之间的通信只需要 RS232 标准的三根线 RX、TX、GND 即可。单片机与光电传感器模块之间的连接需要使用三根线：VCC、S、GND，其中 S 表示信号线，该信号线为单片机输入采集的信号。单片机与温度传感器模块之间的连接需要使用三根线：VCC、S、GND，其中 S 表示信号线，该信号线为单片机与 DS18B20 之间的单总线通信信号线；单片机与继电器模块之间的连接也需要使用三根线：VCC、S、GND，同样，S 表示信号线，该信号线为继电器模块输出控制信号；注意继电器模块与照明灯之间有两根线，将继电器模块当成一个开关，则这两根线实际上是一根线，即继电器模块控制这根线路的接通与断开。另外一个继电器模块也需要对温度控制模块进行开启与关闭操作，同样需要控制一根线两端的通与断。

11.2.2　基本计算机干预温度自控系统需求与规范

[任务名称] 计算机干预温度自动控制系统设计要求。

[目标简述] 完成计算机干预下的温度自动控制系统。

[具体功能]

（1）单片机系统启动后直接进入非工作状态，等待计算机发送开始自动工作命令。

（2）计算机系统发送开始工作命令，单片机系统进入自动工作状态。

（3）计算机系统发送非工作命令，单片机系统进入非工作状态，并等待计算机发送开始工作命令。

（4）无论在开始工作状态还是在停止工作状态，单片机系统都应该实时向计算机系统传输测控端目标接口的工作状态数据。

（5）单片机系统连接光电开关模块，该模块的功能为采集外部开关信号，该信号表示是否有人通过。当检测到有人时，单片机系统连接继电器模块，该模块的功能为控制外部220V交流照明灯的亮与灭。

（6）单片机系统连接温度传感器模块，该模块的功能为采集外部温度信号。采集到了温度信号之后，匹配当前的内部检测温度信号，如果未超出范围则不做任何操作；当超出温度范围则启动继电器接通温度调节设备调节环境温度。

（7）在工作状态下接收计算机向系统发送的新的温度值，系统依据新的温度值重复（6）的工作。

（8）计算机与单片机系统通信通过RS232串口进行。

（9）命令协议格式，如表11.1所示。

表11.1　命令协议格式

协议字节顺序	第一字节	第二字节	第三字节	第四字节
协议格式含义	数据头	操作类型选择	操作内容	数据尾
系统开启	0XAA	FF	FF	0X55
系统关闭	0XAA	FF	00	0X55
更新温度	0XAA	02	新温度	0X55

 注

传输的时候先从第一个字节开始传输，计算机与单片机都是如此。

[要求]

（1）必须写出算法文档（中文、伪代码均可）。

[注意]

1）主程序一个算法。

2）每个子程序（函数）各自一个算法。

（2）必须画出程序流程图。

[注意]

1）主程序一个程序流程图。

2）每个子程序（函数）各自一个程序流程图。

（3）源代码上交与注释规范。

1）硬件测试文档，硬件测试文档上交文件名为：

　　XXX 硬件测试文档 .DOC。

2）必须给出软件代码测试的测试用例表格，软件代码测试文档上交文件名为：

　　XXX 软件测试文档 .DOC。

3）必须给出实体系统功能的功能说明书，功能说明书上交文件名为：

　　XXX 功能说明书 .DOC。

4）原理图、PCB 文档。原理图与 PCB 文档依照要求完成即可。

5）本项目完成过程中的问题文档，上交文件名为：

　　问题文档 .DOC。

6）讲解 PPT，讲解 PPT 上交文件名为：

　　模块项目讲解文件 .PPT。

7）全部文档资料整理打包，文件名为：

　　序号 _ 姓名 .rar。

　　[注意] 序号 _ 姓名 .rar 打包文件目录列表。

　　① XXX 算法文档 .DOC。

　　② 程序流程图 .DOC。

　　③ XXX.C。

　　　　[注意] 源代码需要达到如下要求：

　　　　● 源代码中最上面一行加一个注释，写上：序号 _ 姓名。

　　　　● 源代码关键位置给出注释。

　　　　● 函数的开始处写上注释。

　　④ XXX 硬件测试文档 .DOC。

　　⑤ XXX 软件测试文档 .DOC。

　　⑥ XXX 功能说明书 .DOC。

　　⑦ 原理图与 PCB 文件。

　　⑧ 问题文档 .DOC。

　　⑨ 模块项目讲解文件 .PPT。

11.3　硬件系统设计与实现

　　硬件系统的设计思想基于模块化设计方法，实际设计相对比较简单，只需要考虑如何实现图 11.4 的设计目标即可。在图 11.4 中，只需要明确考虑几个接口部分的连接方式，并采用确定的连接来连接好这些接口线路即可，确定需要连接的几个部分如下：

（1）计算机与通信模块的连接方式。

（2）单片机与通信模块的连接方式。

（3）单片机与继电器模块的连接方式。

（4）单片机与光电传感器模块的连接方式。

（5）单片机与温度传感器模块的连接方式。

（6）继电器模块与外部受控的市电电路部分的连接方式。

（7）继电器模块与外部受控的温度调节电路部分的连接方式。

下面就这几个方面的连接进行实际操作，并在实际线路连接完成之后，采用一定的方式进行简要测试，以确定这些线路连接均无问题。

11.3.1 接口设计与实现

前面已经详细说明了需要确定连接的七个关键部分，下面就对这几个部分的连接端口进行详细说明。

（1）计算机与通信模块的连接方式

计算机与通信模块的连接方式相对简单，如果计算机自带串口则直接可以采用RS232 串口通信模块与其进行连接；如果计算机不带串口则使用 USB 转串口通信模块与其进行连接。典型的 USB 转串口通信连接方式如图 11.4 所示。

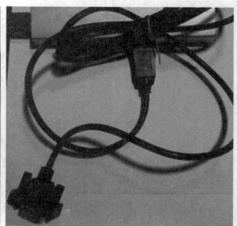

图 11.4　USB 转串口通信连接图

图 11.4 中的左图是第 8 章设计与实现的 USB 转 RS232 模块，右图是 USB 转RS232 转换线。如果计算机自带 RS232 接口则可以采用专门的 RS232 串行线，在第8 章的图 8.8 与图 8.9 显示了这种 RS232 串行线及其接头部分。采用图 11.4 的两种设备均可以连接到计算机端，上述设备的另外一端可以连接到单片机主控板。显然，图 11.4 中有两种不同的 USB 转 RS232 串口通信线路设计方式，因此如果采用 USB转 RS232 模块与计算机进行通信时，该转换模块连接单片机模块一端也有两种接口形式。

（2）单片机与通信模块的连接方式

单片机与通信模块的连接方式有两种：一种为自行设计的模块直接使用跳线连接，另一种为采用 USB 转串口模块的通用线的接头部分（DB9 接头）进行连接。如果采用 DB9 接头进行连接则单片机主控板上应当有 DB9 接头引出部分，事实上可以理解为将 RS232 模块部分设计到了单片机主控板上。两种情况的实际详图如图 11.5 所示。

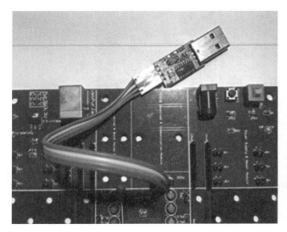

图 11.5　USB 转串口模块与设计电路板之间的连接

图 11.5 的左图显示了我们自行设计的 USB 转 RS232 模块直接通过一个四针的跳线接头连接到单片机开发板上；右图则采用了一根通用的 USB 转 RS232 商用连接线连接到单片机开发板上。读者应当注意两图的区别，在左图中没有 RS232 芯片部分，USB 转 RS232 模块直接通过跳线连接到了单片机的引脚上；而右图中采用的商用 USB 转 RS232 串口线是通过一个 DB9 的接头连接到单片机主控板上，注意到主控板上的 DB9 接头下面有一片芯片，该芯片是兼容 RS232 标准的 MAX232ESE 芯片，为 SO16 贴片封装。

（3）单片机与继电器模块的连接方式

继电器模块与单片机的连接方式与前述章节一致，电路图与实物图如图 11.6 所示。

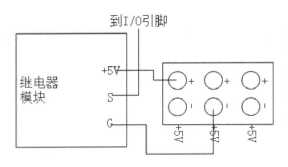

图 11.6　继电器模块的连接图

图 11.6 中的左图是继电器模块到单片机模块的连接电路，右图是实际连接的线路图片。

（4）单片机与光电传感器模块的连接方式

光电传感器模块与单片机的连接方式与前述章节一致，电路图与实物图如图 11.7 所示。

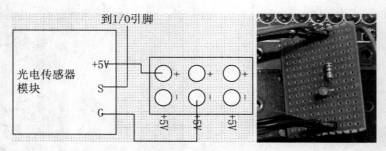

图 11.7　光电传感器模块的连接图

图 11.7 中的左图是光电传感器模块到单片机模块的连接电路，右图是实际连接的线路图片。

（5）单片机与温度传感器模块的连接方式

单片机与温度传感器模块连接使用电源 V、单总线 Do、地线 G 三根线来进行连接。同其他模块一样，也需要从单片机板上寻找一组电源线分别连接到电源 V 与地线 G。单总线只需要连接到 I/O 口上即可，注意到温度传感器模块上接了一个 4.7K 的上拉电阻，因此尽量避免连接到 P0 口，因为 P0 口必须使用上拉电阻。如果连接到 P0 口将可能造成两个电阻并联的情况，会严重降低 DS18B20 单总线上上拉电阻的阻值。

图 11.8 是温度传感器的连接设计图，根据图 11.8 的连接，实际连接的 DS18B20 温度传感器模块实物图如图 11.9 所示。

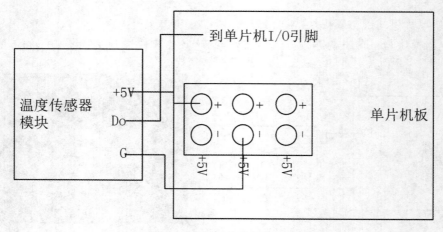

图 11.8　温度传感器模块连接图

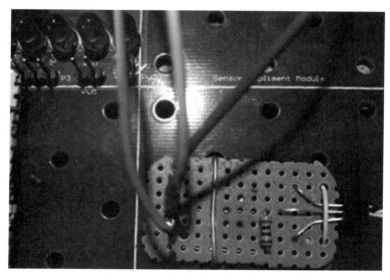

图 11.9　温度传感器连接实物图

（6）继电器模块与外部受控的市电电路部分的连接方式

继电器模块与外部受控的市电电路的连接方式十分简单，由于继电器模块相当于一个开关，因此控制 220V 市电中某一根电力线的通断即可。当然，在实际生活中，控制火线比控制零线好。读者可以通过使用试电笔来测试该线是否为火线，试电笔测试亮度较高的一根为火线。其基本的控制连接方式如图 11.10 所示。

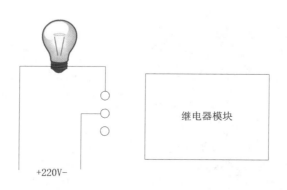

图 11.10　继电器到市电线路的控制示意图

在图 11.10 中，220V 处表示接到交流的插座上，以便于形成电力回路。其中继电器模块等同于一个受控的开关。

（7）继电器模块与外部受控的温度调节电路部分的连接方式

继电器模块与外部受控的市电电路的连接方式十分简单，由于继电器模块相当于一个开关，因此控制 220V 市电中某一根电力线的通断即可。当然，在实际生活中，控制火线比控制零线好。其基本的控制连接方式如图 11.11 所示。

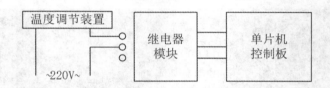

图 11.11　继电器到外部受控的温度调节电路部分的连接示意图

在图 11.11 中，220V 处表示接到交流的线路上，以便于形成电力回路支持温度调节装置工作，其中继电器模块等同于一个受到单片机控制板控制的可调开关。

11.3.2　硬件测试

依照前面章节描述的测试方式的五个步骤进行硬件的测试工作。

第一步：连接好硬件核心板与硬件模块。

第二步：新建一个工程并编写代码。

第三步：编译软件并生成 HEX 文件。

第四步：下载 HEX 文件到核心板。

第五步：观察模块的基本行为是否正确，若不正确则从第一步开始查找问题，并重复上述步骤。

下面对各个接口部分的功能进行测试，以确保模块可用。安装完成的全部电路板如图 11.12 所示。

图 11.12　连接好全部硬件的整体图

（1）测试 USB 转 RS232 串口通信部分

测试 USB 转 RS232 的串口通信部分采用的方法比较简单，下载一个 HEX 文件到开发板上看能否成功执行整个下载过程即可。因此要点是下载过程，而非下载文件。这里介绍一种简单的方法"制造"一个能够被下载软件识别的下载文件的方法，为以后读者在仅仅只需要进行下载测试的时候提供方便，从而避免了创建工程、设置工程、写代码、编译的过程。下面我们就来介绍这种简单的创建一个下载文件的过程。

第一步：新建一个文本文件，如图 11.13 所示。

图 11.13　新建文本文档

第二步：打开文本文件，任意输入几个符号（随便敲入几个符号即可），然后保存关闭，如图 11.14 所示。

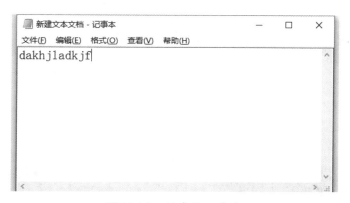

图 11.14　任意输入文本

第三步：修改文本文件的后缀名为 .bin，如图 11.15 所示。

图 11.15　修改后缀名为 .bin

至此，我们就创建了一个可以下载到单片机的文件。当然，读者需要注意的是这个文件是没有任何作用的，只是用于检测是否能成功完成整个下载过程，当然，也检测 USB 转 RS323 线路是否有效。

第四步：打开 STC-ISP 软件，选中刚刚创建的 bin 文件，如图 11.16 所示。

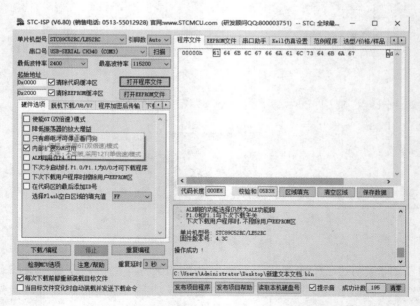

图 11.16　选中创建的 bin 文件

　　然后点击"打开"，注意右边"程序文件"框中可以看到输入符号的 ASCII 码，如图 11.17 所示。

图 11.17　输入的数据显示在"程序文件"中

　　第五步：点击"下载/编程"，对单片机板冷启动，完成下载过程。如果能够正常下载则说明通信链路基本正常。下载成功的界面如图 11.18 所示。

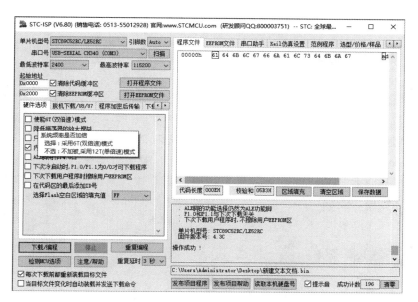

图 11.18　下载成功截图

（2）测试继电器模块

与前面章节的继电器模块测试类似，采用以下步骤进行继电器模块测试：

1）新建一个工程。

2）编写代码。

3）编译软件并生成 HEX 文件。

4）下载 HEX 文件到核心板。

5）观察模块的基本行为是否正确，若不正确则从 2）开始查找问题。

测试时采用的算法如下：

```
while(1)
{
    RELAY = 1;
    delay(3000);
    RELAY = 0;
    delay(3000);
}
```

测试成功的现象为：继电器模块交替发出开关闭合的声音。

（3）测试光电传感器模块

光电传感器模块的测试方法也与前述章节基本一致，测试过程与继电器模块测试的过程一致，使用的算法如下：

```
while(1)
{
    while(SensorSig == 0) LED =1;
    LED = 0;
}
```

测试成功的现象为：当有物体挡住光电传感器模块的测试头部时，单片机电路板上有一个 LED 亮起；当物体从光电传感器模块的测试头部移开，该 LED 灭。读者可以依据上述的软件代码设计思想实际编写代码进行测试，测试成功之后方可确认继电器与光电传感器模块能够正常工作。

11.4　软件系统设计与实现

11.2.2 节提出了计算机干预温度自控系统的基本要求，其中最重要的几个要求如下：

（1）单片机系统启动后直接进入非工作状态，等待计算机发送开始自动工作命令。

（2）计算机系统发送开始工作命令，单片机系统进入自动工作状态。

（3）计算机系统发送停止工作命令，单片机系统进入非工作状态并等待计算机发送开始工作命令。

（4）无论在开始工作状态还是在非工作状态，单片机系统都应该实时向计算机系统传输测控端目标接口的工作状态数据。

（5）单片机系统连接光电开关模块，该模块的功能为采集外部开关信号，该信号表示是否有人通过。

（6）单片机系统连接继电器模块，该模块的功能为控制外部 220V 交流照明灯的亮与灭。

（7）单片机系统连接继电器模块，该模块的功能为控制外部 220V 交流温度调节系统，继电器模块控制该系统的开启与关闭。

（8）单片机系统连接温度传感器模块，该模块的功能为采集外部温度信号。采集到了温度信号之后，匹配当前的内部检测温度信号，如果未超出范围则不做任何操作。当超出温度范围则启动继电器接通温度调节设备调节环境温度。

（9）在工作状态下接收计算机向系统发送的新的温度值，系统依据新的温度值重复自动调节环境温度工作。

（10）计算机与单片机系统通信通过 RS232 串口进行。

根据上面分析的要点，结合系统状态转换图可知，系统的软件设计存在两个最重要的状态，即工作状态与非工作状态。这两种状态对应了两种系统行为，每个系统行为可以考虑为一个独立的进程，系统实时接收上位机发送过来的命令是另外一个独立的进程，无论系统是处于工作状态还是非工作状态均需要向上位机发送实时采集到的系统信息。因此实际上应当有三个并行的工作进程，但是参考第 9 章的做法我们仍然可以采用较简单的处理方式来处理并行进程问题。虽然本书不考虑采用引入精简操作系统的方法来处理并行进程，但是仍然应当这样理解系统功能。下面就针对这两种系统行为与两个并行的功能来进行分析，并以此为基础进行算法设计与软件设计工作。

11.4.1　算法设计

在考虑算法设计时，首先考虑前面提到的进程之间的通信与互斥的问题。这里通信是指进程之间的通信，例如：系统接收上位机这个进程，当它接收到上位机发送的命令时，在工作状态下是需要能够通知系统行为，并由系统做出处理的。那么这里的通信指的就是上位机进程与系统行为进程之间的通信问题，这是不能出错的。另外一个就是进程互斥的问题，互斥的本质就是一个进程在执行的时候另外一个或是其他的进程不能执行。例如：系统在工作时接收到了外部光电传感器发送的信息应当开灯，但是此时如果要求实时传递接收到的这个数据到计算机，就应当等系统开启继电器（开灯）结束后再传递系统状态到计算机。因为如果不等开继电器就将全部系统信息传递上去，此时传递的光电传感器信息是有人，传递的继电器的状态是关闭的，那么这个显然就是数据异常。正常情况下应当是检测到信号、开灯，然后再传递数据，那么这两个进程显然就是互斥的关系。分析至此，最重要的问题已经介绍完毕，下面就通过系统的应用功能行为来说明这些问题，如图 11.19 所示。

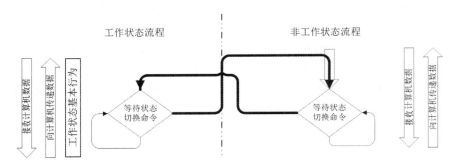

图 11.19　系统工作状态与非工作状态行为图

在图 11.19 中有两部分任务需要完成，左边部分为工作状态需要完成的任务，右边是非工作状态需要完成的任务。

（1）工作状态需要完成的任务

工作状态总体需要完成四个任务：等待计算机的状态转换命令、工作状态的基本功能、向计算机实时传递当前系统的状态数据、接收计算机发来的状态转换命令。显然，如果计算机不发送命令则不存在工作状态的转换问题，无工作状态转换则不存在基本功能的完成，当然系统没有在工作状态执行基本功能，那么传递数据就更加没有意义了，因此这四个任务是存在一定的先后关系的。由此，重新分析图 11.19 的左边任务部分，得到其先后关系图，如图 11.20 所示。

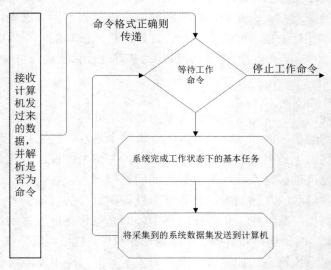

图 11.20　工作状态下的任务关系图

考虑到工作状态下四个基本任务的先后次序关系，可以将该关系理解成图 11.20 中的行为方式。当然，图 11.20 中的过程并非最合理的，读者可以提出更好的做法。

（2）非工作状态需要完成的任务

非工作状态总体需要完成三个任务：等待计算机的状态转换命令、向计算机实时传递当前系统的状态数据、接收计算机发来的状态转换命令。同样，如果计算机不发送命令则不存在工作状态的转换问题，无工作状态转换则不存在当前系统非工作状态数据传递到计算机的问题，因此这三个任务也是存在一定的先后关系的。依据图 11.19 的分析方法，参考图 11.20 的思路，可得到非工作状态下的任务先后关系图，如图 11.21 所示。

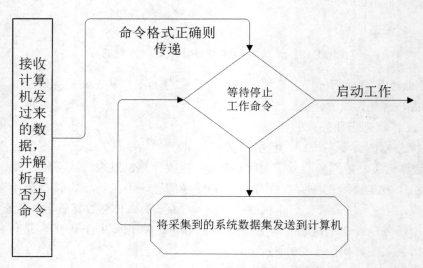

图 11.21　非工作状态下的任务关系图

　　至此，大体的功能性分析过程就结束了，下面考虑算法的设计过程。这里直接给出基于图 11.20 与图 11.21 设计思想的参考算法，当然读者完全可以提出更好的算法来改进下面的设计：

算法 11.1　主流程算法

```
算法：单片机端主流程


    S1：系统初始化
  S2：在无限循环中做如下事件
      S2.1 如果上位机有命令发来
          若为启动工作过程命令
      {
              S2.1.1 启动工作过程;
              S2.1.2 向上位机系统传递测到的系统状态数据
      }
      S2.2 如果数据收集完成
      {
              向上位机系统传递测到的系统状态数据
      }
  }
```

　　在算法 11.1 中，研究发现无论如何系统都需要向计算机传递测到的系统状态数据，因此可以考虑合并该功能。需要考虑到的一个问题是：图 11.20 与图 11.21 的区别，图 11.21 表达的是系统根本就没有工作，因此采集到的数据只一个单纯的状态，即便是数据不一致也对上层决策不会产生很大影响；但是图 11.20 却不同，它表示必须完成一次系统的基本工作过程，才能进行一次系统状态数据的采集工作并传递到上位机。因此合并"向上位机系统传递测到的系统状态数据"操作应当是一个原子操作，也就是说应当等前面的操作完成才能进行发送数据到上位机的操作。故在算法 11.1 中需要等待数据收集完成这个过程。

　　另外一个要点就是获取计算机发送过来的命令，参考第 9 章的方法即可，这里直接给出算法描述。

　　比较关键的算法分析结束，下面就可以开始进入软件设计阶段。当然，如果读者对算法的某些部分不是特别清楚，则可以考虑采用进一步详细分析算法某个步骤以期得到更加详细的解释。

算法 11.2　接收计算机接命令与分析算法

算法：单片机使用中断接收上位机一串符号的算法

输入：上位机发来的一个字节

输出：合法的字符串

　　[注]合法的字符串指 0XAA 开头 0X55 结束中间包含两个字节的四字节字符串。

　　S1：清除发送标志

　　S2：判断当前字符是否为 0XAA

　　　　　　如果是 0XAA，清缓冲准备从缓冲区起点开始存放数据

　　S3：如果当前是最后一个字节位置，则判断当前读入的字符是不是 0X55

　　　　　　如果是则通知主函数可以读命令了

　　S4：存放该字节数据到当前缓冲位置

　　S5：缓冲区存放位置下移一个字节

　　S6：调节缓冲位置边界

11.4.2　软件设计

在完成算法设计之后，本节通过实际操作来讨论软件的实现过程。下面通过配图解说的方式来说明该过程。

第一步：建立工程并创建全部工程文件，如图 11.22 所示。

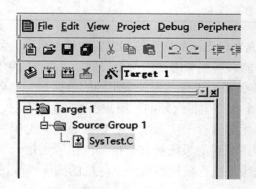

图 11.22　创建工程

第二步：配置工程，设置输出 HEX 文件，如图 11.23 所示。

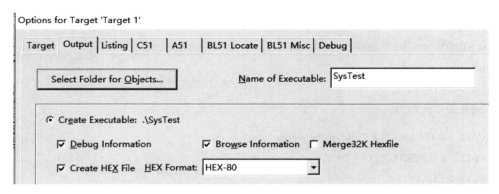

图 11.23　设置输出 HEX 文件

第三步：编写源代码。依照前述的算法文档与第 8 章的设计文档共同编写源代码。下面给出测试的源代码文件：

```
/*-----------------------------------------------------------*/
/* --- 武汉软件工程职业学院 -----------------------------------*/
/* --- 计算机学院嵌入式系统工程专业 / 物联网专业 -------------*/
/* --- Mobile: 00000000000    -------------------------------*/
/* --- Fax: 86-000-00000000 ----------------------------------*/
/* --- Tel: 86-000-00000000 ----------------------------------*/
/* --- Web: www.whvcse.com -----------------------------------*/
/*-----------------------------------------------------------*/
#include <STC89C5xRC.H>
#include <intrins.h>
#include <DS18B20.H>

#define FOSC 18432000L              //System frequency
#define T1MS(65536-FOSC/12/1000)    //1ms timer calculation method in 12T mode
#define BAUD 9600                   //UART baudrate

sbit DS18B20 = P2^7;

typedef unsigned char BYTE;
typedef unsigned int WORD;

WORD count;                         //1000 times counter
BYTE tempH,tempL;
BYTE tempSet = 0x80;
BYTE buff[4] = {0};
BYTE NOTICE = 0;
BYTE FLAG = 0;
```

```
bit busy = 0;
bit SEND = 0;
sbit RfSig = P0^0;
sbit Relay1 = P1^0;
sbit Relay2 = P1^1;

BYTE SWITCHER[] = "\r\nSensor Status:";
BYTE TEMPERTURE[] = "\r\nTempertrue Date is:";
BYTE RELAY1[] = "\r\nRelay1 Status:";
BYTE RELAY2[] = "\r\nRelay2 Status:";

void SendData(BYTE dat);
void SendString(char *s);
void UartInit(void);

void delay (int);
void delay2us (void);              // 3.26us
void delay3us (void);              // 3.9us
void delay4us (void);              // 5.21us
void delay5us (void);              // 5.86us
void delay13us (void);             //13.68us
void delay14us (void);             //14.98us
void delay15us (void);             //16.28us
void delay38us (void);             //39.07us
void delay41us (void);             //41.67us
void delay45us (void);             //46.22us
void delay60us (void);             //61.20us
void delay480us (void);            //481.12us

void DS18B20RST(void);
void DS18B20Write(BYTE b);
BYTE DS18B20Read(void);
void ReadTemp(void);
void Timer2Init(void);
void SysInit(void);
void ShowData(unsigned long int a, int b);
void workPorcessing(void);
void stopWorkPorcessing(void);
```

```
/*--------------------------------- 主程序开始 ---------------------------------*/
void main(void)
{
    SysInit();

    while(1)
    {
      if (NOTICE)
        {
            if (buff[1]==0xFF)
            {
               switch(buff[2])
               {
                   case 0xFF: workPorcessing(); break;
                   case 0x00: stopWorkPorcessing(); break;
               }
            }
        }
      ReadTemp();
      if (SEND)
      {
            SendString(SWITCHER);
            SendString(RfSig ? "CLOSE" : "OPEN");
            SendString(RELAY1);
            SendString(Relay1 ? "CLOSE" : "OPEN");
            SendString(RELAY2);
            SendString(Relay2 ? "CLOSE" : "OPEN");
            SendString(TEMPERTURE);
            ShowData(tempL, 1);
            SendString("\r\n");
            SEND = 0;
      }
    }
}
/*--------------------------------- 主程序结束 ---------------------------------*/
/*--------------------------------- 子程序开始 ---------------------------------*/
void workPorcessing(void)
```

```
    {
        if (buff[1]==0x02) tempSet = buff[2];
        if (RfSig) Relay1 = 1;
        else Relay1 = 0;

        if (tempL>tempSet)Relay2 = 1;
        else Relay2 = 0;
    }
void stopWorkPorcessing(void)
{
    Relay1 = 0;
    Relay2 = 0;
}

void DS18B20RST(void)
{
    DS18B20 = 1 ;
    delay2us();
    DS18B20 = 0;
    delay480us();
    DS18B20 = 1;
    while(DS18B20);
    while(!DS18B20);
    delay480us();
    DS18B20 = 1 ;
}

void DS18B20Write(BYTE dat)
{
    unsigned char i;
    for(i=0;i<8;i++)
    {
        DS18B20=0;                      //0.65us
        delay14us();                    //14.98us   14.98+0.65us = 15.63us
        DS18B20=dat&0x01;               //2.6us    15.63+2.6=18.23us
        delay41us();                    //18.23   41.67us
        DS18B20=1;                      //0.65us
        dat>>=1;                        //2.6us
    }                                   //7.16us
```

```
        DS18B20=1;                              //0.65us
    }
BYTE DS18B20Read(void)
    {
        unsigned char i, date=0;

        for(i=0 ; i<8 ; i++)
        {
            DS18B20=1;                          //0.65us
            _nop_();_nop_();                    //1.951us 1.951+0.65=2.61us
            DS18B20=0;                          //0.65us 2.61+0.65=3.25us
            delay2us();                         //3.26us 3.25+3.26=6.52us
            DS18B20=1;                          //0.65us 6.52+0.65=7.17us
            delay3us();                         //5.21us 7.17+5.21=12.38us
            if(DS18B20)
                date = date|(0x01<<i);          //2.61us  12.38+2.61us =14.99us
            delay41us();                        //39.07us 9.07+14.99+7.16=61.22us
        }                                       //7.16us
        DS18B20=1;                              //0.65us
        return date;                            //1.3us
    }
void ReadTemp(void)
    {
        DS18B20RST();
        DS18B20Write(SKIPROM);
        DS18B20Write(COVERTT);
        while(!DS18B20);
        DS18B20RST();
        DS18B20Write(SKIPROM);
        DS18B20Write(READSCRATCHPAD);
        tempL=DS18B20Read();
        tempH=DS18B20Read();
    }

void SysInit(void)
    {
        int i = 500;
```

```
        Timer2Init();
        Relay1 = 0;
        Relay2 = 0;
        UartInit();
        EA = 1;                    //open global interrupt switch
        count = 0; 5               //1000;   //initial counter
        delay (3000);
        P0 = 0xFF;
        P1 = 0xFF;
        P2 = 0xFF;
        P3 = 0xFF;
        SendString("\r\nTest Code Start...\r\n");
        DS18B20RST();
        while(i--)
            ReadTemp();
    }


    void UartInit(void)                //4800bps@12.000MHz
    {
        SCON = 0x50;                   //8-bit variable UART
        TMOD = 0x20;                   //Set Timer1 as 8-bit auto reload mode
        TH1 = TL1 = -(FOSC/12/32/BAUD);//Set auto-reload vaule
        TR1 = 1;                       //Timer1 start run
        ES = 1;                        //Enable UART interrupt
        EA = 1;                        //Open master interrupt switc
    }


/*--------------------------
UART interrupt service routine
--------------------------*/
    void Uart_Isr()                        //interrupt 4 using 1
    {
        if (RI)
        {
        RI = 0;          //Clear receive interrupt flag
        if (SBUF == 0xAA) FLAG = 0;
        if (FLAG==3)
            if (SBUF ==0x55) NOTICE=1;
```

```
        buff[FLAG] = SBUF;
        ++FLAG;
        FLAG = FLAG % 4;
    }
    if (TI)
    {
        TI = 0;                      //Clear transmit interrupt flag
        busy = 0;                    //Clear transmit busy flag
    }
}

/*--------------------------
Send a byte data to UART
Input: dat (data to be sent)
Output:None
--------------------------*/
void SendData(BYTE dat)
{
    while (busy);                    //Wait for the completion of the previous data is sent
    ACC = dat;                       //Calculate the even parity bit P (PSW.0)
    SBUF = ACC;                      //Send data to UART buffer
    busy = 1;
}

/*--------------------------
Send a string to UART
Input: s (address of string)
Output:None
--------------------------*/
void SendString(char *s)
{
    while (*s)                       //Check the end of the string
    {
        SendData(*s++);              //Send current char and increment string ptr
    }
}
```

```
void ShowData(unsigned long int a, int b)
{
    int i=b*2;
    BYTE temp;

    for ( ; i ; --i)
    {
        temp= (BYTE)((a>>(b*8-i*4)) & 0xF);
        SendData(temp>9 ? temp - 0xA + 'A' : temp + '0');
    }
    SendData(' ');
}

void delay(int n)
{
    int i;

    for(i=0 ; i<n ; i++);
}

void delay2us(void)   // 误差 -0.046875us
{
    _nop_();  //if Keil, require use intrins.h
}

void delay3us(void)   // 误差 -0.395833333333us
{
    _nop_();  //if Keil, require use intrins.h
    _nop_();  //if Keil, require use intrins.h
}

void delay4us(void)   // 误差 -0.09375us
{
    unsigned char a;
    for(a=1 ; a>0 ; a--);
    _nop_();  //if Keil, require use intrins.h
}

void delay5us(void)   // 误差 -0.442708333333us
{
    unsigned char a;
    for(a=2 ; a>0 ; a--);
```

```
    }
    void delay13us(void)   // 误差 -0.630208333333us
    {
        unsigned char a;
        for(a=8 ; a>0 ; a--);
    }

    void delay14us(void)   // 误差 -0.328125us
    {
        unsigned char a;
        for(a=9 ; a>0 ; a--);
    }
    void delay15us(void)   // 误差 -0.026041666667us
    {
        unsigned char a;
        for(a=10 ; a>0 ; a--);
    }
    void delay38us(void)   // 误差 -0.239583333333us
    {
        unsigned char a, b;
        for(b=11;b>0;b--)
            for(a=1;a>0;a--);
        _nop_();
    }

    void delay41us(void)   // 误差 -0.635416666667us
    {
        unsigned char a, b;
        for(b=1 ; b>0 ; b--)
            for(a=28 ; a>0 ; a--);
    }
    void delay45us(void)   // 误差 -0.078125us
    {
        unsigned char a;
        for(a=33 ; a>0 ; a--);
    }
    void delay60us(void)   // 误差 -0.104166666667us
    {
```

```
    unsigned char a, b;
    for(b=1 ; b>0 ; b--)
        for(a=43 ; a>0 ; a--);
}
void delay480us(void)   // 误差 -0.182291666667us
{
    unsigned char a, b;
    for(b=2 ; b>0 ; b--)
        for(a=182 ; a>0 ; a--);
}
void Timer2Init(void)                    //100??@18.432MHz
{
    RCAP2L = TL2 = T1MS;                 //initial timer2 low byte
    RCAP2H = TH2 = T1MS >> 8;            //initial timer2 high byte
    TR2 = 1;                             //timer2 start running
    ET2 = 1;                             //enable timer2 interrupt
}

/* Timer2 interrupt routine */
void tm2_isr()                           //interrupt 5 using 1
{
    TF2 = 0;
    if (count-- == 0)             //1ms * 1000 -> 1s
    {
        count = 1000;            //reset counter
        SEND=1;
    }
}
/*------------------------------------ 子程序结束 ------------------------------------*/
```

第四步：编译源代码，如图 11.24 所示。

图 11.24　编译源代码生成 HEX 文件

11.5　系统联合调试

　　11.4 节相对完整地介绍了软件由算法设计到实现的过程，本节主要讲解如何对该系统进行系统测试的过程。

　　第一步：启动 STC-ISP 软件，将编译生成的 HEX 文件下载到单片机开发板上，如图 11.25 所示。

　　注意，为了保持通信过程，不能断开单片机开发板与计算机之间的串行通信连接。

　　第二步：打开 STC-ISP 软件"串口助手"标签，如图 11.26 所示。

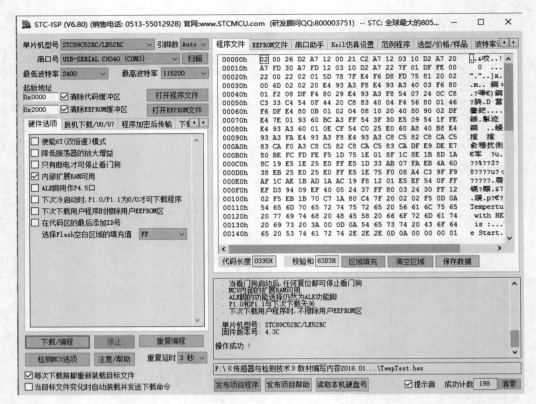

图 11.25　下载 HEX 文件到单片机开发板

图 11.26　打开"串口助手"

　　查看源代码，串口配置的波特率为 9600，其余参数设置为无校验、停止位 1 位。串口自动扫描 USB 转 RS232 通用串口线，并扫描到本机的串口号为 COM11。这种商用的 USB 转 RS232 串行线插在不同的计算机上时，显示的串口号不同，在使用时应注意这个问题，一般情况下，STC-ISP 软件能够自动扫描到这个串口号。

第三步：点击"打开串口"初步观察效果，如图 11.27 所示。

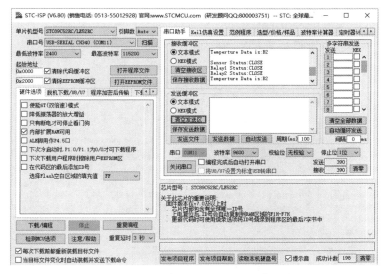

图 11.27　接收到单片机传递到计算机的数据

在接收缓冲区显示框中能够看到单片机发送过来的实时监控数据，并且此时的光电传感器模块没有接收到任何数据，继电器模块也没有任何动作，因为都显示为CLOSE。将手遮挡在光电传感器头的前端，此时接收的数据会发生变化，如图 11.28 所示。

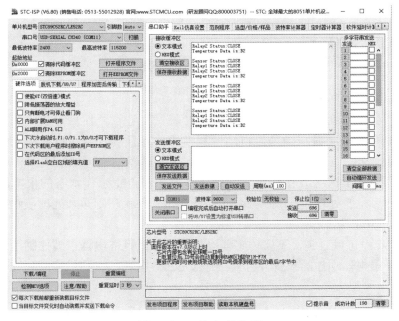

图 11.28　状态变化图

上图对话框中倒数第二行可以看到，当用手遮挡在光电传感器前端时，STC-ISP 软件对话框中的状态发生了变化，由 CLOSE 变为 OPEN，这表示已经检测到了这个信号。但是继电器的状态还是 CLOSE，说明此时系统应当处于非工作状态，只有信号检测功能，不能实现自动化控制。因此应该通过发送命令尝试启动单片机系统开启自动控制工作状态。

第四步：在"串口助手"的发送缓冲中输入启动工作状态命令串 AAFFFF55，用于启动单片机系统进入自动工作状态，如图 11.29 所示。

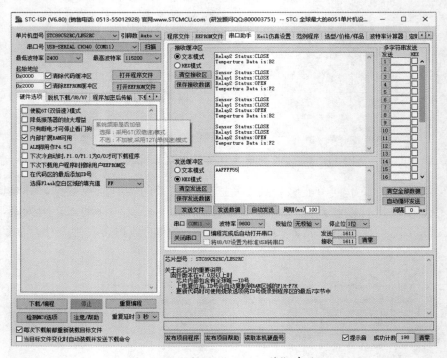

图 11.29 发送"开始工作"命令

在发送开始工作命令时，需要选中"HEX 模式"选项，然后点击"发送数据"按钮。那么此时单片机系统应当处于自动控制模式，并且实时返回数据到上位机的接收缓冲区窗口中显示。因此，继续用手遮挡住光电传感器前端，然后观察接收缓冲区窗口中的数据，观察其是否发生变化。开始工作状态与停止工作状态的根本区别在于接收到了信号之后是否处理，当单片机系统处于开始工作状态则必须处理接收到的信号，其结果如图 11.30 所示。

从图 11.30 中可以看到，不仅传感器接收到信号而且继电器也被控制了。此时的电路板能够听到继电器动作的声音，且其接通了 220V 电灯，达到了检测到物体、然后开灯的效果。

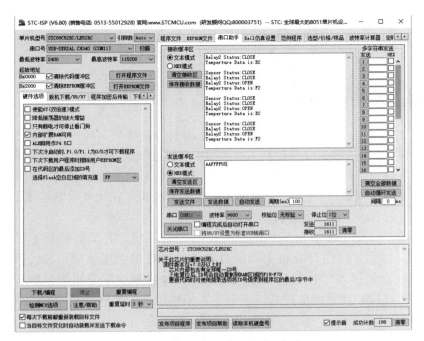

图 11.30　正常工作状态的测控结果显示

第五步：在"串口助手"的发送缓冲中输入停止工作状态命令串 AAFF0055，用于停止单片机系统当前正在进行的自动工作状态，如图 11.31 所示。

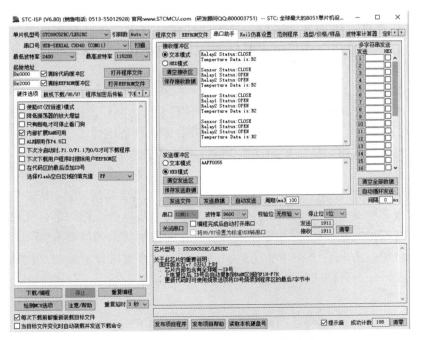

图 11.31　发送"停止工作状态"命令

系统的功能性测试需要读者自行进行，而且软件部分温度传感器的检测并不准确，需要读者自行进行修改并最终达到较好的效果。

11.6 本章小结

本章描述了基本计算机干预温度自控系统由整体设计到实现的全部过程，该系统是将自动控制、计算机通信联合起来进行应用系统设计与实现的一个简单的实际案例。本章采用的实现方式是结合第 8 章介绍的 RS232 通信系统的设计与实现和第 7 章介绍的简单测控系统的知识，结合第 10 章的温度传感器知识，在第 9 章的基础上对系统功能需求进行了适当的、深入的分析，并进行了系统的设计与实现。

11.1 节简要介绍了计算机干预的温度自动控制系统，并简要分析了该系统的基本设计架构，提到了使用计算机干预的自动控制系统来实现该应用的大致思路，该系统的一个特点是引入了计算机的干预过程，更加贴近实际应用的目标。最重要的是，给出了计算机干预室温自控系统应用基本架构图，后续的设计依据该目标架构来实现。

11.2 节说明了为实现自动化的温控系统项目的系统需求应当如何进行系统架构设计的问题。尤其是给出了计算机干预的温度自动控制系统的基本状态转换图，分析了系统的基本工作状态。并且，给出了计算机干预温度自动控制系统的系统硬件连接架构，说明了本系统的设计目标与项目规范。

11.3 节重点描述了计算机干预温度自动控制系统的硬件系统部分设计与实现的方法，尤其是重点描述了每个接口部分的硬件实现方法。在硬件测试部分中延续了前面的技术方案，对每个接口模块部分进行了独立测试，以保证硬件部分的基本可用性。

11.4 节重点描述了软件系统的设计与实现。11.4.1 节详细介绍了算法设计的系统基本功能分析，这里尤其指出了在进行系统设计时必须考虑并行工作程序。在图 11.20 与图 11.21 中对系统的工作状态与非工作状态的并行工作任务进行了描述，随后给出了根据分析得到的算法描述，最后在 11.4.2 节中给出了算法的实现。

11.5 节简要介绍了系统的联合调试过程。

第 11 章是本书的总结性章节，它实现了一个可用的简要系统，能够实现一定的功能，但是也存在很多弊端与不足。本书介绍的内容仅仅是简单的入门内容，无法完成实际当中的应用级开发项目。希望本书对传感器与综合控制技术的简要介绍，能够使读者对综合设计思想与方法有个初步的了解，以此来帮助读者进行后续更加深入的技术学习，并最终成为一个合格的技术人才。

【项目实施】

E11.1 基本计算机干预温度自控系统硬件的设计与实现

E11.2 基本计算机干预温度自控系统软件的设计与实现

E11.3 提交全部项目资料

第 **12** 章
其他传感器模块简介

通过对前面 11 个章节的学习，读者应当初步了解了一个具有计算机干预能力的测控系统的开发过程，实际应用中其实还有很多其他外围传感器可以使用。本章的目标是简要介绍这些传感器模块，并给出一些合适的设计。

本章的主要顺序为：光照度传感器介绍、温湿度传感器介绍、烟雾传感器介绍、超声波传感器介绍、霍尔传感器介绍。

本章的内容均为了解性质的知识，读者如果有更加深入的需求，应当查看更专业的文献来进行应用系统外围模块的设计与实现。

12.1　光照度传感器模块简介

光照度传感器采用对光照具有较高灵敏度的敏感元件作为传感器前端元件，典型的元件为 PGM5506/PGM5516 系列元件，它还有另外一个名称：光敏电阻。PGM5506/PGM5516 系列元件为硫化镉（CdS）或光敏电阻器（LDR），其阻抗随光落在它表面的总量而转变。光敏电阻有许多名称，包括光电阻器，光照电阻器，光半导体，光电导体单元，或简单称为光单元。光敏电阻典型的结构为使用一个附着在绝缘基板上的激活半导体材料层。半导体中一般加入少许的附加物，以使它能够具备必要的导电性水平，它的接触面通常置于表层的两面，并且通常有两个引脚。典型的器件如图 12.1 所示。

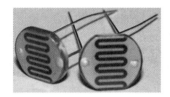

图 12.1　光敏电阻实物图

一个较为简单的光敏电阻模块设计原理图如图 12.2 所示。

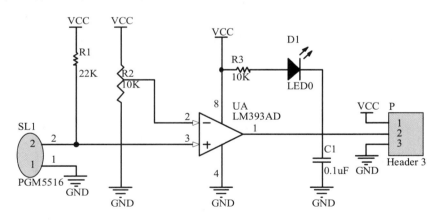

图 12.2　光敏电阻模块的原理图

12.2　温湿度传感器模块简介

由于温度与湿度不管是在物理量本身还是在人们实际的生活中都有着密切的关系，

所以温湿度一体的传感器相应产生。温湿度传感器是指能将温度量和湿度量转换成容易被测量处理的电信号的设备或装置。市场上的温湿度传感器一般测量温度量和相对湿度量。市面上常用的温湿度传感器有 SHT11、DHT11 等。其中 DHT11 温湿度传感器由广州奥松公司生产，其产品外观图如图 12.3 所示。

图 12.3　奥松电子生产的 DHT11 温湿度传感器

DHT11 数字温湿度传感器是一款含有已校准数字信号输出的温湿度复合传感器。它应用专用的数字模块采集技术和温湿度传感技术，确保其具有较好的可靠性与稳定性。传感器包括一个电阻式感湿元件和一个 NTC 测温元件，并与一个高性能 8 位单片机相连接。每个 DHT11 传感器都在精确的湿度校验室中进行校准。校准系数以程序的形式存储在 OTP 内存中，传感器内部在检测信号的处理过程中要调用这些校准系数。DHT11 采用单线制串行接口，小体积，低功耗，信号传输距离可达 20 米以上，产品为4 针单排引脚封装。其官方器件手册提供的典型应用电路图如图 12.4 所示。

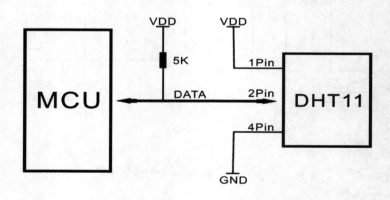

图 12.4　DHT11 官方手册应用电路图

烟雾传感器就是通过监测烟雾的浓度来实现火灾防范的设置或装置，烟雾报警器内部采用离子式烟雾传感，离子式烟雾传感器是一种技术先进，工作稳定可靠的传感器，被广泛运用到各种消防报警系统中，性能远优于气敏电阻类的火灾报警器。烟雾传感器的器件外观图如图 12.5 所示。

图 12.5　烟雾传感器外观图

MQ-2 型烟雾传感器可用于家庭和工厂的气体泄漏监测，适用于液化气、丁烷、丙烷、甲烷、酒精、氢气、烟雾等的探测。其具有较为广泛的探测范围、高灵敏度、快速响应恢复、优异的稳定性、寿命长、简单的驱动电路等特点。MQ-2 型烟雾传感器属于二氧化锡半导体气敏材料，为表面离子式 N 型半导体。当处于 200～300℃ 时，二氧化锡吸附空气中的氧，形成氧的负离子吸附，使半导体中的电子密度减小，从而使其电阻值增加。当与烟雾接触时，如果晶粒间相接处的势垒受到该烟雾的调制而变化，就会引起表面电导率的变化。利用这一点就可以获得这种烟雾存在的信息，烟雾浓度越大，电导率越大，输出的电阻越低。图 12.6 示意了一个简单的 MQ-2 烟雾传感器模块的原理图设计。

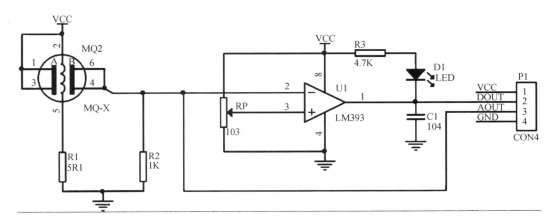

图 12.6　MQ-2 烟雾传感器模块的原理图

12.4 超声波传感器模块简介

　　超声波传感器是利用超声波的特性研制而成的传感器。超声波是一种振动频率高于声波的机械波，是由换能晶片在电压的激励下发生振动产生的，它具有频率高、波长短、绕射现象小，特别是方向性好、能够成为射线而定向传播等特点。超声波对液体、固体的穿透本领很大，尤其是在阳光不透明的固体中，它可穿透几十米的深度。超声波碰到杂质或分界面会产生显著反射形成反射回波，碰到活动物体能产生多普勒效应。基于超声波特性研制的传感器称为"超声波传感器"，广泛应用于工业、国防、生物医学等方面。典型的超声波传感器探头的外观图如图 12.7 所示。

图 12.7　超声波探头实物图

　　利用超声波探头可以完成很多实用功能，典型的应用功能就是超声波测距。超声波测距原理图如图 12.8 所示。

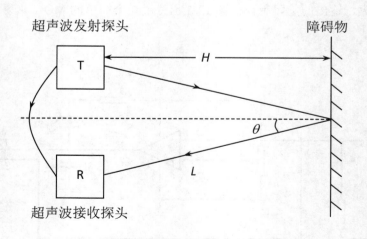

图 12.8　超声波测距原理图

　　超声波测距的基本原理是发射探头采用某固定频率，如 38KHz，发射超声波并开始计时，当其遇到障碍物时，超声波反弹回来；此时如果接收探头正好接收到了该固定频率的超声波信号，则计时终止。由于声音的传播速度是 340m/s，因此可以依据时间与传播速度的关系计算出大致距离，用该距离除以 2 就得到了实际距离。这就是超声波测距的基本原理，图 12.9 给出了超声波测距模块的一个样例设计。

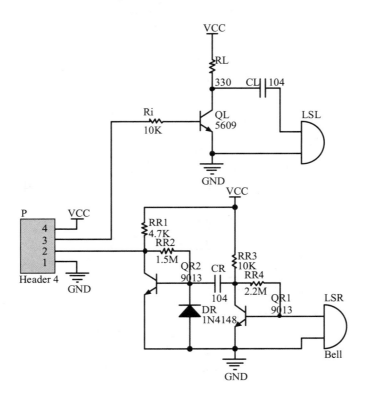

图 12.9　超声波测距模块原理图

12.5　霍尔传感器模块简介

　　霍尔传感器是根据霍尔效应制作的一种磁场传感器。霍尔效应是磁电效应的一种，这一现象是霍尔（A.H.Hall，1855—1938）于 1879 年在研究金属的导电机构时发现的。后来发现半导体、导电流体等也有这种效应，而半导体的霍尔效应比金属强得多，利用这现象制成的各种霍尔元件，广泛地应用于工业自动化技术、检测技术及信息处理等方面。霍尔效应是研究半导体材料性能的基本方法，通过霍尔效应实验测定的霍尔系数，能够判断半导体材料的导电类型、载流子浓度及载流子迁移率等重要参数。典型的霍尔传感器器件完成的功能为：能够检测到磁场，即当磁力线被切割的时候能够被检测到。3144 霍尔传感器如图 12.10 所示。

图 12.10 霍尔传感器实物图

霍尔传感器应用广泛,例如测量力、力矩、压力、应力、位置、位移、速度、加速度、角度、角速度、转数、转速以及工作状态发生变化的时间等。测速是霍尔传感器的一个典型应用。图 12.11 就是一个典型的开关型霍尔传感器应用的原理图。

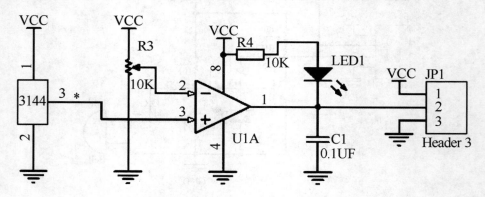

图 12.11 霍尔传感器应用的原理图

12.6 本章小结

本章简要介绍了一些常用的传感器的应用,并简要介绍了这些器件的原理图。由于本章属于介绍性质的内容,大部分资料来源于互联网百度搜索。如果读者想要深入研究这部分的内容,需要读者自行查找相关资料进行深入学习才能取得较好的效果。